思卓
家庭教育系列
——

进入成人世界的
9个密码

杨思卓◎著

北京联合出版公司
Beijing United Publishing Co.,Ltd.

图书在版编目（CIP）数据

进入成人世界的 9 个密码 / 杨思卓著 . -- 北京 ：北京联合出版公司，2019.4
　ISBN 978-7-5596-2908-1

　Ⅰ．①进… Ⅱ．①杨… Ⅲ．①成功心理－青少年读物 Ⅳ．① B848.4-49

中国版本图书馆 CIP 数据核字 (2019) 第 014335 号

进入成人世界的 9 个密码
作　　者：杨思卓
选题策划：北京时代光华图书有限公司
责任编辑：徐　鹏
特约编辑：何英娇
封面设计：新艺书文化
版式设计：曾　放

北京联合出版公司出版
（北京市西城区德外大街 83 号楼 9 层　　100088）
北京晨旭印刷厂印刷　　新华书店经销
字数 77 千字　　880 毫米 ×1230 毫米　　1/32　　6.5 印张
2019 年 4 月第 1 版　　2019 年 4 月第 1 次印刷
ISBN 978-7-5596-2908-1
定价：42.00 元

目 录

从你诞生的那一刻，你就已经中了"亿万分之一"的大奖。穿越漫长的 40 亿年，你需要用怎样的密码来兑现这份幸运？

前 言

当初，我们是孩子；今天，我们是父母

　　我写过很多本书，都是写给成年人的，而且大部分是写给领导者的。想要为孩子写本书，还是受到听众的启发。2010 年应经济之声《财经夜读》刘静老师之邀，在中央人民广播电台主持"思卓书坊"栏目，尝试"以专家级的水准解读大师级的经典"。接着，中国唱片深圳公司推出了我的读书系列 CD，每月解读两本好书，得到了听众的欢迎。其间，有不少父母听众来信询问，能不能为孩子们解读一些书。我犹豫再三，最后还是女儿的

话启发了我："你是成年人的教练，但是未成年人更需要教练啊。"于是就有了《进入成人世界的9个密码》这张CD版专辑。

CD专辑出版发行后，引起了意想不到的反响。在校园里，《进入成人世界的9个密码》成了班会上的主题；在旅程中，《进入成人世界的9个密码》成了车友的至爱；在毕业典礼和成人礼上，《进入成人世界的9个密码》成了最受欢迎的礼物。很多读者的来信让我备受感动，"早读9个密码，少走10年弯路""它化解了我和父亲间的误解""它拉近了我和母亲的关系""它让我放下了轻生的念头，更珍惜生命""它给了我能量的菠菜"……

在《进入成人世界的9个密码》这张专辑里，我是一个教练加父辈的角色。在半年多的时间里，我和孩子们倾心交谈，和父母们热烈探讨，头脑变得越来越澄明，心变得越来越柔软。在写作和录音的过程中，多少个夜晚不能入睡，多少次泪水纵横。我想起了，当初，我们也是孩子。多少梦想，不知是对还是错；多少困惑，不敢同父母诉说。如果当初我们有一个教练，该有多好啊！孩子们，我真的羡慕你们，你们生活的时代，好幸运啊！

欢 迎

亲爱的孩子，欢迎来到成人世界。这里是"思卓书坊"，我是杨思卓。如果你能够听到这番谈话，你应当是拿到了成人世界的门票，即将和菜鸟乐园挥手告别，进入一个勇敢者的空间。

如果你出生在秘鲁的乡村，你必须通过成人仪式，从8米高的悬崖上跳下去，胆怯者会失去做"成人"的资格。

如果你诞生在墨西哥的某个部落，你必须携带一块沉重的石头，游过一条海峡，否则就不算成人。

如果你是加拿大的印第安少年，你必须在成人仪式上生吞一条活的蜥蜴，否则，你一辈子都会被人讥笑，做一个失败者。

　　相比之下，如果你身处华人世界的某个城市，你的成人礼就温和得多了。《礼记》云："夫礼，始于冠。"说的是，如果你是一个男孩子，在成年时就要举行一种加冠的礼仪，这就是所谓的"冠礼"。与男孩子"冠礼"相对的，女孩子的成年礼仪叫"笄礼"，把头发盘起来，加上一根簪子，通过改变发式告别少女时代。今天的你已经省去了那个礼节，可能得到的，是烛光、蛋糕，还有父母温馨的祝福。

　　但是我要告诉你，这种温馨，通常会像红酒那样，让你失去警醒，令你低估了成人世界的危险。那么，关于成人世界，你必须知道些什么？

　　你看过《阿甘正传》吗？那部曾经感动了无数人的美国大片。茫然的阿甘，听到女主角珍妮抱着吉他唱的那首歌，被深深打动，应当是摇滚巨星鲍勃·迪伦的《答案在风中飘》吧：

> 一个男人要走过多少路，才能被称作男子汉？一条船要出几回海，才能在沙滩上入眠？而到底要经过多少次炮火轰鸣，才能荡平硝烟？答案在风中飘，答案在风中飘。

这就是年轻人的困惑啊。而今天，我要通过一个成人和一个孩子的谈话告诉你，风中没有答案，答案就在我们的谈话间。

孩子，你坐过过山车吗？你买了门票，匆匆汇入排队的人流，空中的尖叫声让你感到非常刺激。终于轮到你了，在咔哒、咔哒的链条声中，你随着车厢缓缓爬升，越来越高，越来越陡，脚下的人群越来越远，越来越小。你隐约意识到有些事情将要发生，就在你抵达最高点的瞬间，你突然下坠，落入了无底的深渊……这个时候的感觉啊，叫不出，停不了，上不去，也下不来，只有一种濒临死亡的失重感……你还来不及体验到任何乐趣，一切就已经结束了。

你可能感到恐慌，再也不玩了；也可能不服输："让我再玩一次，我肯定能找到更好的感觉！"但是，亲爱的孩子，人生的过山车和那些可以重来的游戏不一样，一旦game over，就意味着永远出局。

所以，在你开始勇敢者的游戏之前，深爱你的父母比你更紧张。他们希望你能知道一些事情。他们要求的，绝不是人人皆知的"废话"，而是只有少数"骨灰级"玩家才知道的密码。他们希望我能说出这些。而我能说出这些，不仅仅是因为我迷惑过、经历过、失败过。更重要的是，我的职业使命就是做这样的探索，我是企业家和领导者的教练，一个越级玩家的教练。

　　——请记住这些密码，它们是你在成人世界里能否享受到乐趣的关键，如果不相信，看看你前面那些混得灰头土脸的成年人吧。我敢说，假如你不知道这些密码，你很可能会和他们一样，终其一生都只能做成功者的陪练，而且被打得伤痕累累。我在最近10年的教练生涯中，研究了无数的失败与成功，所以我知道，成熟真的和年龄无关。如果你缺乏人生的智慧，那么，即使你年过五十，你也还是一只任人捉弄的菜鸟；即使你读了博士，还是个呆头呆脑的"麻瓜"。

　　当然，我不能保证这些密码帮你应付一切，因为现实是一道不断变换的方程式，然而我可以肯定的是，解方程的方法，会让你大大减少生命的耗费，提升生命的乐趣。在你听完我们的这番谈话之后，你绝对会感谢你的父母。因为，让你比别的孩子更早地看到未来，这是他们能送给你的——最好的礼物。

01

生 命 的 奥 秘

从你诞生的那一刻，你就已经中了"亿万分之一"的大奖。穿越漫长的 40 亿年，你需要用怎样的密码来兑现这份幸运？

亲爱的孩子，在你的身边，可能总有一些幸运的家伙令你感到沮丧。你偶尔也会厌倦，认为自己的生命不够精彩。我想告诉你的是，你之所以会有这种感觉，是因为你并不知道自己所拥有的幸运。一个人最大的幸运是什么？孩子，让我来告诉你，一个人最大的幸运就是生命的存在。

你知道吗？从远古第一个有生命的细胞的出现，命运的彩票就已经开始发行，而我们每个人的诞生，都等于是中了"亿万分之一"的大奖。在这之前，我们的祖先用了 40 亿年，不断地将自己的生命传承下来。如果他们中的任何一个在完成这场接力之前就死亡，那就没有了我们今天的存在。

孩子，每个人都是独一无二的杰作。道理很简单，你想象一下，如果你的爸爸和你的妈妈没有相遇，或者说他们相识了却没有结婚，那么，就不会在某个特定的时刻上有了你，哪怕稍微错过那个"偶然"或"意外"，也不会有现在的你。如果一直往前推，你的爷爷和奶奶，你的外公和外婆，再往前，你的曾祖父曾祖母、曾曾祖父曾曾祖母……里面只要有一个环节的因素改变了，就不会有今天的你。亲爱的孩子，你说这"中奖"的概率是多么小啊。如果你还没有感觉到自己的幸运，我想那是因为你还不了解生命是怎么样孕育的。

怀胎十月，对母亲来说，是一个艰辛的过程。对每一个生命来说，更是一个危险的经历。佛学典藏中描写女人怀胎第一个月"如草上珠，朝不保暮，晨聚将来，午消散去"。现代超声波的观察也证实：前 4 周是胚胎着床的时期，生命的历程由此开始。第 5 周，胎儿的心脏已经开始有规律地跳动并开始供血，肾脏和肝脏也开始生长，面部器官开始形成。第 8 周，手臂和腿在生长，出现了肩、肘、膝等关节。第 9 周，初具人形。第 11 周开始能做吸吮、吞咽和踢腿动作。第 15 周就学会了打嗝……到了第 40 周，一个小细胞就发育到 2 亿个细胞，生长完成，降落到这个世界。——生命来得太不容易了！在这个过程中，你是没有意识的，但是有一个人，与你相伴十月，日日为你担心，天天为你受苦，那就是你的母亲。你的生日，就是母亲的难日。

为什么说生日是母亲的难日？有一次参加朋友儿子的满月宴，朋友告诉我：生孩子是一次必不可少的人生教育。生儿子之前，她痛苦挣扎了 40 多个小时，特别是临产之前的那一个小时，她真正体验到了什么叫痛不欲生。从产房出来的时候，拉着先生的手让他发誓"咱们今后再也不生孩子了"。然后握着自己妈妈的手说："妈妈，不养儿不知父母恩。以后我一定好好孝敬你。"

亲爱的孩子，生命来之不易，每个人都只有一次机会活着到这个世界上来。生命对于每个人只有一次。如果说，来到这个世界只是个偶然，那么离开这个世界，就可以说是必然了。我们真正能掌握的时间，就只有短短的几十年。**如果放任生命流逝，生命一如尘埃；如能善用，尘埃也能变成永恒。**

在我女儿小的时候，有一次她问我什么是历史，我说你看那满天的星星。历史的天空里，无数的生命变成了流星，只有少数的生命变成了永恒，那就是人类的恒星。伟人因事业而永恒，哲人因思想而永恒，文人因名作而永恒，圣人因传道而永恒。

当然，你也许已经看到过，有些生命轻易滑落，像一颗流星。2005年10月22日，北京邮电大学的一位博士生从楼顶跳下，结束了自己的生命。他在遗书中说："别了，妈！对不起，对不起！"

一个白发苍苍的母亲，茹苦含辛数十年，捡垃圾、打零工、遭人白眼，把自己的孩子供养成博士。一个受人恩惠的博士，数十年无一回报，仅仅说一句"妈，对不起"，就像打破一只水杯，草率了却此生。许多人第一时间想到的，是命运对妈妈的不公平。

是的，这位妈妈太可怜了，但是，这位妈妈最可怜的不是失去了儿子，而是她不知道，假如重来一次，再给她一个儿子，会怎么样呢？我们不敢想象的是，悲剧还会重演！为什么？因为孩子的内心已经被母亲的爱塞得太满太满，几乎没给他留下一点爱别人的空间。**孩子被培养了太多太多的能力，却让他丧失了作为一个人最重要的能力——爱的能力。**

造成这个问题的一个很大的原因在父母的身上，我将在另一个场合与他们去探讨。但是现在，我要对你说，亲爱的孩子，你可能还不知道，到底什么才是孩子与成人之间真正的界限？你将跨越什么，才能变成一个真正的成年人？

每个人来到这个世界上的时候，都被预装了两套程序，一套是孩子的程序，一套是成人的程序。孩子的特征是自我，成人的特征是使命。这两套程序各有各的功能：当自我的程序被破坏时，生命就会过于沉重；当使命的程序被破坏时，生命就会无足轻重，成了随风飘落的风筝。

亲爱的孩子，我不知道，当你遭受挫败的时候，你是不是也有过这种可怕的念头：结束生命？如果你有这可怕的念头，那一定是你的生命里缺少了什么，通常是缺少了使命。一个人可以想到自己，"我要有钱，我要有爱情，我要很顺利，我要荣华富贵"，这都没有错，但是你的欲望里只有这些，生命就会失衡，如果得不到，就可能轻生，这是一个自私自利的生命。而心起念动，还能够为别人设想，"我要给父母幸福，我要让兄弟姐妹欢喜，我要让爱我的人和我爱的人快乐，我要为我的国家和社会做出应有的奉献……"，那就会是一个大慈大悲的生命。孩子，你不必大慈大悲，让父母快乐，让兄弟姐妹欢喜，让爱你的人幸福，这就是最简单的使命啊。

人生有许多需要解决的难题，我们可以选择不同的解决方法，而选择自杀，你可能是一个逃避者、一个抗争者，绝不是一个勇敢者、一个智慧者。一个明智的人不会做这样的选择。李大钊先生指出："由自杀者的个人方面看，他们是生活上的弱者、失败者、落伍者，是看见生存竞争的潮流过烈而无路可寻的人。"基督教教徒不会做这样的选择，他们认为自杀是一种罪行。在《摩西十诫》中有诫杀一条，不但诫杀人并且诫自杀。犯自杀罪者，不能到天堂。佛教认为自杀是一种不可原谅的罪孽，自杀者死后当受惨苦，而且生前的罪孽，死后还是不能解脱。儒家认为自杀是一种不孝："身体发肤，受之父母，不敢毁伤。"无论古今中外，宣扬自杀，蛊惑人们以死解脱的只有邪教组织。

也许有人说，我无路可走，只能如此。真的是这样吗？

就有这么一个人，他在 21 岁的时候，淋了一场大雨，发了高烧，导致双腿残疾。一个人在生命最旺盛的年龄，遭遇这样的不幸，确实让人难以接受。他也曾经想过去死，他说，当时住在医院并没有"怕死"的说法，自己真的很想死去。那段日子，躺在病房里的他心里一直在想："我要不能走着出去，我就不想活了。"结果，他还是没能走着出院，当然他也没有死去，后来他还成为我国一位著名的文学家，他叫史铁生。在中学课本里，你可能学过他的一篇文章——《我与地坛》。

史铁生活了下来，因为他找到了让自己活下来的理由。他说，写作就是为了让自己不至于自杀。对他而言，写作是活着的动力，母亲却是他写作的动力。

因为遭遇了不幸，年轻的史铁生脾气变得很暴躁，经常发了疯一样离开家，回来之后，又像着了魔似的，什么话都不说。如果是待在家里，他会突然把玻璃砸碎，或把手边的东西摔破，而母亲在一旁默默地承受着这一切。史铁生说，自己那个时候被命运击昏了头，还来不及为母亲想，可当他理解了母亲的时候，母亲已经离开人世了。母亲留给他的话就是，让他好好儿活……他让自己好好儿活的理由，就是让死去的母亲安心。

在遭遇了命运沉重而残酷的一击后，史铁生明白了生与死的意义，他在文中这样写道："一个人，出生了，这就不再是一个可以辩论的问题，而只是上帝交给他的一个事实；上帝在交给我们这件事实的时候，已经顺便保证了它的结果，所以死是一件不必急于求成的事，死是一个必然会降临的节日。"

"死是一个必然会降临的节日。"说得好啊，但还没有说完，我要告诉你，每一天都是一个必然会降临的节日。生命是短暂的，不一定是用来结果的，但一定是用来开花的，这就是生命的美学意义。

我和那些总想结束自己生命的人接触过，对他们来说，生命中没有享受，只有忍受。作为一个成人，我自己也体验过生命中的无奈和愤怒，但是，我告诉你，生命中的不美好是用来改变的，你我存在的意义就是改变。而让这个世界改变，你自己先要改变，如果你连自己都不能改变，又怎么可能改变世界？你想象过吗？就算你毁灭了自己，又有什么用？没有了你的这个世界，会有什么不同？伤害你的人，一无改变；热爱你的人，痛不欲生。

一位身家过亿的企业家曾经和我彻夜长谈。他说在海外留学时，有段时间，总想自杀。直到有一天他做了一个梦。他梦见自己死了,灵魂化成了一只蝴蝶飘荡在风中,他听得到母亲绝望的哭泣,看得到父亲颤抖的肩膀,但是父母听不到他,也看不到他。他想亲亲母亲的脸颊,可是父亲却挥挥手,将那只蝴蝶赶走。那一刻他愿意上刀山、下地狱,来换回和亲人多一天的相处——这曾是再容易不过的事,而在那个时候,已经是万劫不复。

他惊醒后,庆幸自己没有走那条绝路,他同我讲,以前听说"自杀是罪"的时候,他不怕,直到这个梦,让他知道了什么是罚,他才第一次对生命有了敬畏。因为**真正的惩罚不是失去生命,而是良心永世不得安宁。**

你可能会说,生活中有那么多艰难之处,上学、就业、升职、结婚、生子、创业、赚钱……生命中有那么多的不能承受之重,生活不如意、感情不如意、工作不如意、人际不如意……负面的信息经常冲击着我们脆弱的神经，我们该怎么办？

正确的态度是，世间病与痛，尽付笑谈中。

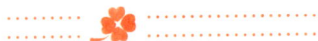

"癌症女孩"张仲培就是这样，她度过了短暂而又快乐的一生。张仲培是湖北一家职业学院的学生，2008 年 3 月被查出患了鼻咽癌，而且是晚期，癌细胞已转移到肋骨、胸椎，疼痛时不时地侵袭着她。

当死亡逼近时，这个 21 岁的大眼睛女孩选择捐献眼角膜来回报社会。年迈的父母对此事并不理解，一直不同意。女孩请医院的眼科医生一起回家，做说服工作。为了能让女儿快乐，不识字的妈妈流着泪在捐献志愿书上按下了手印。就在她去世的第二天，她的眼角膜在深圳和内蒙古，分别移植给了一位妇女和一个小女孩。那双爱笑的大眼睛，把笑容永远地留在了人间。

张仲培在病中的日记中写道："我会尽自己最大的努力，去让这朵生命之花继续开放，即使在这寒冷的冬天，也犹如春天般美丽。"她在这本"生命日记"中，还写着这样一段话："虽然妈妈、爸爸的年龄和我的相差半个多世纪，但是我知道他们很疼爱我。我也想让他们过着快乐的生活，不让他们再为我忙碌，我想让他们的晚年也能享受到和别的老人一样的幸福，可是现在我能做的就是不给他们增加烦恼。"一段话让人潸然泪下。多么懂事的一个女孩儿，即使在离开这个世界的那一刻，她关注的不是自己的痛苦，而是父母的幸福。我想，此刻的她已经没有了痛苦，因为她已经把痛苦升华为幸福。

亲爱的孩子，生命是短暂的，生命也可以永恒。令生命永恒的不是长寿，而是使命。孔子的使命是以道德教化世人，耶稣的使命是引导信徒寻求永生，莫扎特的使命是让世人听到天籁，爱迪生的使命是为人类带来光明。使命的本质何在？是为他人做些什么。明白了这一点，就会恍然大悟，老子为什么讲"死而不亡者寿"；明白了这一点，就会豁然开朗，这世间没有什么生命不能承载之重，只有生命不能承受之轻。因绝望看轻使命，生命就会堕落；因使命珍爱生命，生命就会永恒。

❀ **读者来信（一）**

绝望的钢琴手：我真想让我的爸妈也听听你的 CD

　　我妈妈总是说，如果我够专心，我就能成为第二个郎朗。可她不知道的是，成为郎朗的梦想太遥远了，而我，就像一个干瘪的橙子，永远不可能成为全世界最出色的幸运儿，我的才华早已经被这可恶的钢琴耗尽了。

杨老师：

　　我有一个从来没有对别人说过的秘密，如果我告诉你，你会觉得我是一个懦夫吗？

　　在我卧室的床下，最靠近墙角的地方，有一

个旧书包，里面装着一些我小时候爸妈买给我的玩具和我曾经最喜欢的东西：有我的第一个变形金刚、一本只剩一半的《倚天屠龙记》、第一次去游乐场坐过山车时拍下的照片、我读六年级时和暗恋的女生一起看过的电影的票根，还有一本记了一半就放弃的日记……我故意把它们塞得乱七八糟，即使我妈妈打扫房间时发现了它，也会以为它只是一只装着回忆的口袋，不会特别注意。只有到那一天，我不在这个世界上了，当他们一件件整理我留下的东西时，才会发现藏在夹层里最不起眼的那张纸——那件在我死后被称为"遗书"的东西。

一想到有一天，我将真正面对策划了很久的死亡，我就觉得恐惧，恐惧得喘不过气。所以尽管我觉得自己像个胆小鬼，我还是把这个计划推迟了很多次。不过我想，那一天总会来的，到我再也无法忍耐的时候。我能想象，如果他们突然接到电话，他们那个将会成为钢琴家的儿子死了，并且是因为讨厌钢琴，他们会有多伤心。可是，如果我不得不用死亡来结束那永远都没可能实现的、令人绝望得发狂的梦想，我也只能这样选择了。

　　我常常想，如果小时候，我从没有对邻居阿毛家的钢琴爱不释手，我的人生会不会不一样？我妈妈总是说，我对学钢琴有天分，虽然我真的已经不太记得她说的那些事，可我猜那时候，我可能真的很喜欢钢琴。可是杨老师，就算你很喜欢一样东西，但当你的生活已经被它塞得满满的，装不下任何其他的东西时，你还会不会喜欢它吗？

除了那个几乎像新买来时一样的变形金刚，我几乎没有过其他的玩具，因为在他们看来，我最好的玩具就是价值 6 万元的钢琴。我的同学都喜欢看金庸的小说，可我刚刚省下零花钱买了一套，还没看完，就被妈妈发现撕掉了，因为她说，她所有的时间都给了我，而我居然把宝贵的时间用来看闲书，太令她伤心了。在我 14 岁以前，我只有一个周末去过游乐场，因为我得了全市钢琴比赛的一等奖……至于我最喜欢的女生，我只在初中前的那个暑假和她一起看过一场电影（一起去的还有五六个同班同学），就因为我进音乐附中而再没机会见面了。而这一切，都是因为我要练琴，练琴，每天练十几个小时的琴，我计算不出，我的人生究竟被钢琴剥夺了多少快乐！我讨厌钢琴，真的！！

　　我妈妈总是说，如果我够专心，我就能成为第二个郎朗。没错，如果我真能成为郎朗，这一切的不快乐可能是值得的。可她不知道的是，成为郎朗的梦想太遥远了，而我，就像一个干瘪的橙子，永远不可能成为全世界最出色的幸运儿，我的才华早已经被这可恶的钢琴耗尽了。上个星期，我几乎在参加全国大赛的选拔中落选了，还好，他们最后还是挑中了我，我不知道如果我真的落选了，我该怎样把那个消息告诉妈妈。她一定会严厉地骂我："一个选拔都过不了，你怎么成为世界上最好的钢琴家？！"可是，那样的时刻总会到来的，我能永远成为那个幸运儿吗？如果我令她和爸爸失望，我又该怎么回家？

　　杨老师，我真想也让我的父母听听你的CD。如果就像你说的，梦想是一步一步达到的，他们可不可以给我一点时间，也给我真正我想要的生活，让我从那些我能完成的目标开始，一点点接近最终的梦想，而不是总让我感到自己被他们的梦想胁迫？

从 3 岁开始，钢琴陪伴了我 15 年。尽管我讨厌它，可我想不出还有什么比它和我的关系更亲密。就在昨晚，我还去教堂为唱诗班义务弹琴，看到他们赞叹的眼神，我其实也感到很快乐、很不舍。

PS：一位老伯把你的 CD 送给了我。听过之后，我对自杀这回事更害怕了，我真的要告别钢琴，也告别一直为我骄傲的父母吗？

绝望的钢琴手（广州）

·02

梦 想 的 真 相

有了梦想，黑人孩子可以成为美国总统？有了梦想，小龙套可以成为喜剧天王？不！这不是真相！

孩子，在英语课本中，你曾经学过马丁·路德·金的那篇演讲《我有一个梦想》(*I Have a Dream*)。梦想就是生命的光芒。经常有人告诉我们，世上无难事，只要有梦想。有了梦想，被父亲遗弃的黑人孩子可以成为美国总统；有了梦想，跑龙套的小角色可以成为喜剧天王。所以，你坚信不疑："有梦想，谁都了不起。"

No！孩子，这不是全部的真相！看看你的周围吧，你会发现，无数人都有明星梦，有几个成了周星驰？作为一个负责任的成人，我要告诉你，**有梦想其实很容易，能实现才叫了不起！**

如果我们把成功的主观因素归纳为 10 分，那么梦想只占了2分，目标占了另外2分，其余6分是什么呢？是努力。如果目标和努力跟不上，梦想，充其量不过是随便想想。

40多年前，在印度尼西亚的一所小学里，三年级的学生们在写一篇主题为"我的梦想"的作文。小朋友们纷纷写道"我想当医生""我想当作家""我想当工程师"等，有一个黑人孩子语出惊人："我长大了想当总统。"全班同学哄堂大笑。这个想当总统的孩子就是奥巴马。

其实，大话说出来很容易，可是怎样实现这个梦想呢？小奥巴马一无所知。他还不知道，选择了梦想意味着什么。因此，他很快由随便想想，变成了根本不想。在中学时代，他抽烟、酗酒、吸大麻，一直混到高中。多亏他那个伟大的母亲将他叫醒："没有实际行动，梦想就是空想。"于是，他转变了，把梦想挂在天上，把目标写在地上，并开始以一个一个切实的目标为跳板，一步一步向梦想跳去。

大学期间，他拼命学习，过着苦行僧一样的生活。毕业时，他得到了"刻苦求学优等生"的评语。大学毕业后，他第一个目标就是做出色的社区组织者。实现这个目标后，他再跳向下一个目标——伊利诺伊州参议员。然后又由参议员跳向国会议员。最后才是那个举世瞩目的惊险一跳。他终于成就了自己的梦想——成为美国第一位黑人总统。

孩子，说到这里，你也该明白了，照亮目标的，当

然是梦想，但实现目标的，一定是努力，而且是不一
般的努力，是疯狂的努力。 奥巴马就是这样。奥巴马
一路走来，始终保持了勇争第一的努力。为了准备在
2004 年民主党大会上的"主题演讲"，他前后修改了
几十遍，临上场前还在厕所里改稿子。

周星驰的梦想是做明星，但第一个目标，就是多演
一点戏。1983 年，在拍摄《射雕英雄传》的时候，周
星驰还是个小龙套，饰演一个没有名字的角色，叫宋
兵乙，为增添一点点戏份儿，他竟然狂热地请求导演
安排"梅超风"用两掌打死他，结果导演很冷静地告
诉他"只能被一掌打死"。就是通过这种疯狂的努力，
周星驰一步一步逼近梦想，从配角演到主角，再做到
导演，最后摘取了金像奖，成为最闪亮的笑星。

看到了吧，这个成人世界的公式：**成功 = 伟大的梦**
想 + 切实的目标 + 疯狂的努力。

如果你想要，你就得疯狂地要，那么神鬼都会为你

让道。"投资大师"罗杰斯告诉他的女儿：

幸运女神只眷顾持续努力的人。孩子，你一定要付诸于行动，要不懈地努力。当你朝着梦想起步时，就只管朝前走吧！即使你获得成功，也依旧要孜孜不倦地努力。

幸运女神只眷顾持续努力的人。一旦踏出追求梦想的第一步，就要尽一切努力。这是你的功课。假如你想成功，绝对不能忽略事前准备。假如你对自己不了解的东西下注，这不是投资，这叫赌博。

"假如你想成功，绝对不能忽略事前准备。"如何阐释这"事前准备"呢？我先不告诉你答案，看看成龙的故事吧，或许你会从中得到启发。

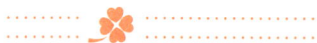

很多人都觉得，武打明星成龙很风光，其实，成龙曾经也是一个默默无闻的小童星。大约 6 岁的时候，成龙就几乎是被爸爸"卖"到了戏剧学校，跟师父学京剧。一个人的成功不是赢在起点，而是赢在转折点。

成龙也一样。在开始拍戏的时候，成龙就有一个梦想，做一个武术指导。那个时候，电影圈有一个很有名的武术指导，他地位很高，有许多小弟和跟班，成龙也混在中间，不过只能算是小弟的小弟。为了能让这个武术指导注意到自己，成龙就想了个方法。他发现，武术指导到片场都要经过一个固定的地方。于是，成龙就每天都在武指经过的时候站在那儿，在他面前露一脸。时间长了，有一天，武指终于停下车问了成龙一句："你是跟我的吗？"成龙说："是。"于是，武指让成龙上了他的车。到片场之后，这位武指就让成龙帮他擦车。成龙很开心，把车擦得干干净净，不仅是车身，就连每一个缝隙，成龙都用牙签挑干净。

后来的事，估计你也能猜得到，成龙成了武指身边的红人，离自己的梦想又近了一步。

孩子，记住这句话：**梦想要成功，事前做准备。**另外，我还要告诉你一句话：千里之行始于足下，璀璨梦想源于小品。当然，演小品并不简单，也需要精心的排练。所以，孩子你莫要急，一招一式，都要像练功一样，扎扎实实；一事一项，都要像演大戏一样，做到丝丝入扣，获得的喝彩自然越来越多。小品的功夫到了，自然成为精品，随时都有你表现的机会，成为众人眼中璀璨的明星，实现自己的梦想，那是自然而然的事情。

你说，他们能够实现梦想，因为他们都是幸运的人。孩子，命运之神并不仅是偏向幸运的人，你如果觉得自己运气不好，那么，我要告诉你，那是因为你没有去创造好运。亲爱的孩子，一个人的性情中，既有乖顺，也有叛逆。这两种品质无所谓好坏。但是，我发现堕落的孩子，都是在命运面前乖顺，在父母面前叛逆。而成功的孩子恰好相反，在父母面前乖顺，在命运面前叛逆。**别屈服于命运，命运负责洗牌，但打牌的是你自己！**改变命运，就是用一手下等牌打出上等的成绩。自然界的万有引力，总把人从空中拉向地面，人生中的万有引力，同样会把人从高处拉向低处，只有不断跃起的人才能创造奇迹。

在东方卫视曾推出的一档电视节目《中国达人秀》中，一位失去双臂的瘦弱青年，正用双脚在黑白琴键上弹奏优美动听的旋律，那是钢琴浪漫王子理查德·克莱德曼的经典曲目《梦中的婚礼》，琴音浪漫多情、缠绵悱恻，在场的所有观众无不震惊。

这个没有双臂的青年叫作刘伟，一个23岁的小伙子。人们亲切地称他"无臂钢琴王子"。当表演结束后，他在回答评委时说了这样一句话，这句话感动了许多人，他说："每个人都要为自己的梦想负责。"

"每个人都要为自己的梦想负责。"说得多轻松啊，但是说这话的人，曾经受到过那么沉重的打击。刘伟原本也是一个拥有完整双翅的天使，10岁那年却遭到意外电击失去双臂。但是，对音乐的爱好，对梦想的执着，让他用双脚演奏了自己精彩的人生，成为一位被折断翅膀的钢琴王子。在一次总裁班上，大家分享听音乐的感受。一位先生说，他最喜欢钢琴王子郎朗，那是用心灵在弹奏；另一位女士说，她更喜欢"无臂王子"刘伟，那是用生命在弹奏。是啊，刘伟用脚趾弹钢琴，他不是在演奏《梦中的婚礼》，而是在用生命弹奏着贝多芬的《命运交响曲》。

　　如果把人生比作一首钢琴曲，梦想就是曲目，目标算是曲谱，而努力就是丝丝入扣的演奏。在我们的身边，有曲有谱的人不计其数，但能够演奏到位的，少之又少。这不可能、那不可能，害怕实现梦想需要付出的太多、太累、太难。孩子，如果你觉得目标很遥远，如果你认为付出很艰辛，如果你感到实现梦想很困难，那么，刘伟就是你的榜样。一个 10 岁的小孩，从不幸失去双臂的那一刻起，他就注定要比常人承受更多的生命之重，他也曾经失望过、害怕过、迷惘过，但他没有选择放弃，没有选择退缩，音乐梦成为他的追求。他每天练琴时间超过 7 小时，脚指头一次次被磨破，难道他不知道疲惫、不觉得辛苦吗？热爱，让他乐在其中，乐此不苦，乐此不疲。

实现梦想的路径越来越清晰。如果把上面我们所说的再做一个总结，**就是梦想不是一个想法，而是一系列卓有成效的行动。第一步，找到你的曲目，确定自己心中的梦想；第二步，将梦想创意写成曲谱；第三步，以持续的努力演奏出生命的华彩乐章。**

孩子，我为什么一再强调"持续的努力"？因为大多数孩子不缺乏梦想，甚至也不缺乏目标，但是最缺乏一以贯之的努力。这也是没有看过这本书的孩子失败的关键所在。他们以为，道路是曲折的，前途就一定是光明的。不！真相不是这样。不管你经历了多少坎坷，如果半途而废，努力全部作废，光明与你无缘。同样，他们以为，一分耕耘一分收获。不！事实不是这样。你的父母所在的职场里，通常是十分耕耘，没有一分收获。因为在到达临界点之前，努力没有成果，而一旦到达临界点，会有百分回报。从古到今都是一理啊！

姜子牙80岁遇文王，佐周灭商，成就了周朝800年的基业。如果他60岁就放弃了，他也就是一介无聊的钓鱼翁。齐白石18岁开始学画，一直勤奋努力，却默默无名，直到58岁遇到了陈师曾、64岁遇到了徐悲鸿，他的努力才得到回报。他89岁得到了文化部授予的"人民艺术家"称号，90岁得到了世界和平理事会的年度金奖。如果他奋斗30年就放弃了，他也就是一个普通的小画匠。刘伟奋斗了13年，他成功了，辉煌了。但是，如果他只奋斗 8 年就放弃了，那他也就是一位无名的残疾人。看到这些，孩子，早一点醒悟吧，你尊敬的老师会离你而去，你亲爱的父母会离你而去，最终伴着你实现梦想的那个朋友，不是老师，不是父母，而一定是持续的力量。

一个警察的儿子：我的梦想是当警察

我听了很多遍，有几次，我甚至觉得，这也许是父亲在天堂里托你带给我的话。我好像，有点懂了他的选择，也懂了他。我第一次为做警察的儿子而自豪，我原谅了他。

杨老师：

我是一个警察的儿子，今年读高三。两年前，我的父亲在泥石流灾害中为了疏散群众牺牲了。可就像你说的，在他还活着的时候，我并不了解他，当我想了解他的时候，他已经不在了。

他的遗体在一个星期之后才在下游很远的地方被找到，所有的人都说他是英雄，可是，看到妈妈，还有爷爷奶奶的痛苦，作为一个失去了父亲的孩子，我真的想不通，作为一个父亲、丈夫、儿子，难道保护自己的家人就没有意义吗？我不能原谅他。当然，在别人面前，这样的想法不可能说出口。我只能努力，比过去更努力地读书，让妈妈得到安慰，因为她已经在父亲的追悼会上告诉了所有的人，为了父亲，她一个人也要把我养育成才，抚养成人。

我真羡慕你的女儿，有你告诉她什么是生命的意义，告诉她怎样实现梦想，可是我，永远都没有了父亲。我甚至没有机会和他告别，告诉他，虽然我的成绩不错，考上妈妈为我选的复旦大学没什么问题，但我的梦想并不是考大学，而是去大城市，开一家公司，挣很多很多的钱，保护妈妈。我不要她再一个人辛苦地打工，我要让她住上大房子，我不要她再哭了。

这些想法，我只告诉了一个人，那就是我的表哥。他在深圳工作，从小，就只有他才能明白我的心里话。他在电话里听了我的话，除了鼓励我好好读书，先考上大学再说，并没有说什么。12月18日是我的生日，他给我寄来了你的CD，听过之后，我感到自己的世界和从前不一样了。

如果梦想真的是一块跳板，当我跳上了复旦，下一个目标是什么？我开始觉得很挣扎。你说，"生命是短暂的，生命也可以永恒。令生命永恒的不是长寿，而是使命。使命的本质是为他人做点什么"。我听了很多遍，有几次，我甚至觉得，这也许是父亲在天堂里托你带给我的话。

我好像，有点懂了他的选择，也懂了他。曾经有人告诉我，他救了60多个村民，当时我并没有一点自豪，只是悲伤，为什么他们都能平安幸福地活着，我的家庭和我的人生却不完整了。现在，当我试着去想，如果那60个村民都死了，他们在农村的孩子可能就再也没有机会读书，他们的人生又会是怎样的？那又是多么大的悲痛呢？而我，还在读书，还有妈妈。当我这样想的时候，我能理解了，父亲真的很伟大。所以，我第一次为做他的儿子而自豪，我原谅了他。

和父亲一起牺牲的，还有另外3个警察。我不知道这两年他们的孩子是怎么过的，我想他们也和我一样生活在痛苦中，因为他们也都失去了父亲。我请表哥帮我再寄3套CD，因为我想他们和我一样也需要它。

最后，我想问你，你说愿意做我们的朋友，那么关于人生的话题，关于其他的我想不明白的困惑，我真的可以给你写信吗？如果我告诉你，我现在的梦想是想和父亲一样做一名警察，会不会很傻？如果，妈妈一定要我考复旦，我能用怎样的人生来实现父亲的使命，帮助别人呢？

一个为父亲自豪的、警察的儿子

·03

能量"菠菜"在哪里

在成人世界里，没有什么人有义务奖赏你。做得很好，老板未必给你加薪水，出了成绩，大半听不到掌声，最响亮的就是嘘声。

　　亲爱的孩子，你在海洋馆里看过海豚表演吗？海豚非常可爱，也非常听话，驯养师拿出一个火圈，海豚就钻火圈；驯养师拉起细绳，海豚就跃起跳高；驯养师拿过球，海豚就直立顶球。你还看到，海豚会识谱唱歌、跳迪斯科、水中救人等。你一定感叹海豚与驯养师那天衣无缝、异常默契的配合。你也一定觉得很奇怪，海豚为什么能听懂驯养师的话？难道海豚也能听懂人的语言？是啊，可爱的海豚为什么会听指挥？你如果看得再仔细一点、认真一点，你会发现，海豚每每完成一个动作，驯养师都会给它喂点东西，哦，那是一条小鱼。孩子，你明白了吗？海豚按照指示做出动作后，驯养师就会用鱼饵来奖励它，这是驯养师的秘密武器。海豚给人们表演，只是为了从驯养师手里得到食物。

亲爱的孩子，你有想过吗？人和海豚有什么区别？小鱼是海豚表演的动能，那什么是你的动力呢？在幼儿园，它可能是老师发的小红花；在小学，它可能是少先队的红领巾；到了大学，它可能变成了奖学金；进了职场，它就成了职位，成了银行卡上的薪水和奖金。可以说，我们每个人都渴望着激励，而奖赏是直接且有效的激励。成绩和奖赏如影随形，没有奖赏就失去了动能。那么，离开了外在的激励，人就不再行动，人和海豚还有区别吗？

有一位上了杂志封面的企业家对我说，他的孩子原来学习很不错，初一的时候还是班里的前三名，初二落到三十名，而且整天无精打采。为什么会这样？他很困惑。我和这个孩子聊了聊，就发现问题了。他告诉我，他从小就崇拜父亲，做什么事都是为了得到父亲的表扬。那一次他疯狂地努力，终于考进了前三名，他欣喜若狂，可是，没想到父亲却冷冷地丢给他一句："才考了个第三，真是虎父犬子！"付出了努力却得不到父亲的赏识，他立刻失去了动力，再也不愿意学习了。当然这里面有父母的失误。但是我告诉他，只会在别人掌声中前进的孩子，还没有长大。

我给他讲了《小王子》的故事。小王子是法国作家圣·埃克苏佩里笔下的一个童话人物，他住在一颗只比他大一丁点儿的小行星上，陪伴他的只有一朵小玫瑰花，他非常喜爱那朵玫瑰花，但是玫瑰花似乎并不喜欢他。于是，小王子告别小行星，开始了遨游太空的旅行。

小王子先后访问了六个行星，在他到达第二个行星的时候，他碰到了一个很奇怪的人，他活着的所有意义就是让别人赞美他、钦佩他。那个人一见到小王子大老远就叫喊起来，小王子过去向他问好，还发现那个人戴着一顶很奇怪的帽子。那个人告诉小王子，帽子是为了向人致意用的，当人们向他欢呼的时候，他就会用帽子向人们致意。小王子很单纯，从来都没听说过这样的事，很不解。于是，那个人建议小王子说，你用一只手去拍另一只手。小王子就拍起巴掌来，那个人就举起帽子向小王子致意。小王子很好奇，觉得很有意思，又拍起巴掌来，那个人又举起帽子向他致意。反复几次之后，小王子有点厌倦了，他说，拍巴掌你就举帽子，那怎么做你的帽子才会掉下来呢？可那个人却听不进小王子的话了。因为他只听得进赞美的话。他要小王子钦佩他，承认他是星球上最美的人、衣服最漂亮的人、最富有的人、最聪明的人……小王子说，我钦佩你，可我真不明白，这有什么能使你这样感兴趣的？

是啊，这有什么能使你这样感兴趣的呢？我问他，孩子，你的身边是不是也有这样一些人，整天做点事情，就是为了别人的掌声、别人的赞美、别人的钦佩呢？我告诉他，那些都是不成熟的表现，生命的精彩需要别人的赞许，但那不是全部的意义，成人世界的精彩不需要刻意。在成人的世界里，没有什么人有义务奖赏你。做得很好，老板未必给你加薪水，顾客未必欣然买单，出了成绩，大半听不到掌声，最响亮的就是嘘声。

还记得《大力水手》那部动画片吗？大力水手波派（Popeye）没有动力时，只要吃了菠菜，就能瞬间变得力大无敌。我想告诉你，**要做成人世界的大力水手，你需要的"菠菜"不是小红花，不是金钱，不是别人的认可和鼓励，而是来自你内心的动力。换句话说，"菠菜"只能生长在你的心里。**

美国教育心理学家劳伦斯·科尔伯格说：人有六重动力，最低的层次是他人的赏罚，最高的层次是内心的愉悦。这内心的愉悦才是大成就者的"菠菜"。有了这样的菠菜，你就有了无穷的动力，你就可以积德行善，不求回报；你就可以进退自如，宠辱不惊。如此你已经到达了人生的最高境界。

对照劳伦斯·科尔伯格的成长路线图：第一档，我不想惹麻烦——靠惩罚在起作用；第二档，我想要奖赏——靠贿赂起作用；第三档，我想取悦某个人——靠魅力起作用；第四档，我要遵守规则——靠自律起作用；第五档，我能体贴人——靠仁爱之心起作用；第六档，我奉行既定的准则——靠境界起作用。看看，你在哪一档？后来，那个孩子考了第一，他老爸当着我的面表扬他的时候，他只是微笑。我知道，他已经看淡了外在的褒奖，感受到了内心的愉悦。

我出生在一个普通工人的家庭，从少年时起，我内心总有一个小小的声音告诉我，你能，你能。多少年来，我被这声音推着向上走，无论外在的世界响起的是嘘声还是掌声，它始终是我自己最珍贵的动能。这一直是我的秘密。今天，我把它送给你，和你分享。

记住，孩子，你能，你能！别把考分看得那么重，别把金钱看得那么重，别把掌声看得那么重，更别把别人的嘲笑看得那么重。最重要的是，要照顾好在你内心生长着的那一棵小小的菠菜，给它点阳光，让它长得灿烂；给它点雨水，让它绿得葱茏。孩子，真的，全世界都为你喝彩，也比不上你自己愉悦的心声。

孩子，内心的愉悦就是你奔跑的最大动力，而这种动力的来源，就是你发自内心深处对于那件事的热爱。吉姆·罗杰斯，那位著名的投资大师，在他很小的时候就明白了一件事：发现自己感兴趣的事情，并且全心投入到自己的热情中去，做自己喜欢做的事。萨默·莱德斯通，美国 Viacom（维亚康姆集团）公司的董事长，在他 63 岁的时候，也就是在我们很多人看来该颐养天年的时候，他开始着手建立一个庞大的娱乐商业帝国。是什么驱动着他呢？萨默·莱德斯通说，钱从来不是他的动力。他的动力是对他所做的事情的热爱，他热爱娱乐业，热爱他的公司。

当外在的动力变成内在动力时，人就长大了，事业就壮大了。这就是成长的高级阶段。但我发现，仍有不少的人处于成长的低级阶段。从蹒跚学步开始，我们就得到了父母的鼓励，父母为我们的每一个进步鼓掌，让我们一步又一步地成长，因此，我们的生活中似乎缺不了掌声。但是，当我们走进学校，掌声少了，失望多了，在几十个、上百个被掌声鼓励大的孩子中间，那一点点掌声成了稀缺品。不要说我们，就连那些颇有经验的老师，讲课的时候发现学生们没有反响，也会大声呼喊："请给我点儿掌声！"多么卑微的要求，"给我点儿掌声"。我要告诉你，这就是成人世界的现实：当你还在努力奋斗，最需要掌声的时候，通常都没有掌声，甚至只有嘘声；当你已经相当成功，不需要掌声的时候，通常又是掌声雷动，让你不能自省。

所以，亲爱的孩子，有人赞美你的时候，你不要忘乎所以；有人责骂你的时候，你可以一笑而过；当你取得了出色成绩却无人喝彩时，也不必太在乎。遵循你的心，去做你想做的事情，这样你的能量就会瞬间放大。

生活中，大多数的人做不到这一点，是因为他只看重外在的成功，而忽视了内心的成长。记得电视主持人杨澜说过这样一段话："成功在人生当中只有一两个点，它是外在，由别人去评论；而成长是个持续的过程，是内在，在内心愉悦存在。说起成功，每个人都担心失去，而成长是自己的，虽缓慢成长，但却充满自信。"孩子，学会看淡，学会放下，外在的得失并不那么重要，他人的评论并不那么重要。抓住你所迷恋的，放开你所执念的。

在漫长的人生旅途中，能够给你的成长提供能量的人，可能是你的父母，可能是你的老师，可能是你的朋友，可能是你的老板，也可能是你的同事，但是，**能够为你补充最大能量的人，只有一个，那就是你自己**。佛家有一句话，"要收获什么，就先要栽种什么"。亲爱的孩子，把能量的菠菜种子播撒在你的心田里吧！当你心中长出神奇的菠菜，荆棘都会化为桂冠，坎坷都会化为天路，严冬都会变成春天，上帝都会为你喝彩！

❀ 读者来信（三）

瑞贝卡：向那个靠别人掌声过活的神童说再见，我真的很快乐

真的谢谢你，在我成为一个孩子的母亲之前，终于有勇气向那个靠别人掌声过活的神童说再见，真正进入了成年人的世界。虽然不再有光环，但现在的我，真的很快乐。

杨老师：

听了你的 CD，我睡了几年来最安稳的、长长的一觉。

早上起床，我发现我的失眠症居然好了，我

第一次听到自己的心跳声盖过了楼下马路车来车往的声音，就连周围的空气也比以前充沛了很多，我大口喘气，不再感到压抑了。我想，就是昨晚，您的那句"全世界都为你喝彩，也比不上你愉悦的心声"改变了我。

当我还是个孩子的时候，人们都用"神童"来形容我。我们家，从有记录的祖谱算起，总共出了12位状元，这当中，并不包括拿到了高考状元的我的母亲、大伯、舅舅、姑妈……也不包括我弟弟和我。从我记事开始，我几乎就是在大人们的称赞中长大的，每一次考试，无论是年级考、会考、中考、各种科目的奥林匹克竞赛……在我所就读的每一所学校，只要有我，其他的孩子能拼命争夺的，就只是"第二"了。那个时候，我享受着人们的惊叹和羡慕，真的很快乐。

真的，我很会读书，只要努力，就会快乐。

可是，人总要和学校说再见的对不对？当你告别了那些能够为你戴上光环的考试之后，又有什么能够证明你独一无二的优秀呢？

我还是很努力，很努力要做到最好，可我越来越发现，曾经那么优秀的自己，已经渐渐被周围那些从没有当过"神童"的同事淹没了。就算再努力，我最多只能比别人好一点，想做到出类拔萃，几乎是不可能的。你说，"你做得很好，老板未必给你加薪水，出了成绩，大半听不到掌声，听的最多的，往往是嘘声"，我觉得，您说的就是我。这些嘘声好像无处不在，它们那么近，近得一直响在我心里，以至于每次休假，我无论多想念爸妈，都不敢回家，因为我真的很害怕看到他们不再骄傲的目光，更害怕听到亲戚们用"伤仲永"来议论我。

和我不一样的是，我周围的同事们好像都生活得很快乐。他们不知道外表平静的我过着怎样的生活。有几年，我吃不下饭、睡不着觉，被严重的抑郁困扰着。我的先生开导我："工作的成就感只是人生的一部分，有了孩子，一切就不同了。"他买了很多育儿的书，认真地计划着和我共同拥有一个宝宝，可这让我更焦虑了。他不明白，一个孩子的到来根本帮不了我，对于我这样的人来说，在没有掌声的世界，内心的成就感消失了，生命的存在也就没有意义了。一个连自己的价值都很怀疑的人，又怎么有资格成为一个母亲呢？

没有人知道，就在昨天以前，我还在悄悄计划着离开深圳，到一个所有人都找不到我的地方。如果不是这盘 CD，我也许永远都不会明白，成年人的世界，用来评分的已经不再是老师手里的"标准答案"，裁判和观众在意的并不是分数，而是成人世界的规则。在这样的世界里，一个只有智商的孩子是无法生存的。

杨老师，谢谢你，在我成为一个孩子的母亲之前，终于有勇气向那个靠别人掌声过活的神童说再见，真正进入了成年人的世界。虽然不再有光环，但现在的我，真的很快乐。

最后，再次，再次谢谢你，真的，我会把你带给我的菠菜种子好好珍藏着，将来也把它送给我的孩子，当他长大，一定会发现，这是一个母亲能够送给孩子的最好的礼物了。

衷心感谢你的瑞贝卡

04

最 应 该 结 交 的 两 个 朋 友

90%的人都浪费了他们的两个最忠诚的朋友。如果你也无视这样的幸运，你将错过命运最宝贵的恩赐。

亲爱的孩子，你很聪明，但你要进入的是一个陌生的环境，你难免会想错，也可能做错，而你自己体验到的时候，又已经错过。所以在你进入成年人的世界之前，我先要给你介绍两个最重要的成年人——你的父母。

你也许会说，这没有必要，我天天和他们在一起，还不了解吗？其实啊，天天在一起的人，才会有可怕的陌生感。你不知道，在塑造你的命运的程序中，一百个老师，都抵不上一对父母。你会花很多时间去了解同学，了解偶像，了解朋友，了解你喜欢的女孩或男孩，但是你花了多少时间去了解父母——这世上你绝对最应该了解的两个最熟悉的陌生人？

就说痛苦吧，你知道父母的痛苦吗？你说我知道，他们养我不容易，含辛茹苦。不，这些对他们不算苦。不论做出多少牺牲，甚至付出生命，他们都会乐在其中。**父母最苦的，是得不到孩子的理解，敲不开儿女的心门。**

因为我身处成人世界，所以我更能够体会到这些父母的无奈。你知道，驾驶汽车，需要考证，要不然，不是伤人就是伤己；当律师需要考证，要不然，不是违法就是输了官司。但是，教育子女是天大的事，你看到哪个父母考过证？他们也是个孩子啊，自己甚至还来不及成熟，就仓促地登上了做父母的驾驶舱。更何况，他得到的是一辆智能的、会发火、会无缘无故就抛锚的车。

全天下都在教育孩子，哪有人来教育父母？没有练习的机会，怎么能不犯错误。老板可以辞退员工，父母无法辞退孩子；打工可以跳槽，父母却不能辞职。

难怪他们发脾气。别人对你有耐心，那是因为别人可以冷静，父母对你发火，因为他们心情急迫。

你也许会说，既然他们也没有受过专业训练，为什么我要听他们的话？我要告诉你，他们即使缺少经验，也还是比你老练。就像一只没有经过训练的大公鸡，也百倍地强过刚破壳的鸡雏。你的现在进行时，都是他们的过去时。他经历了小男孩时期，血气方刚，为了一件小事打得头破血流；她也经历了小女生时期，憧憬爱情，想到那个帅哥就小鹿乱撞、满脸羞红。同时，你没有经历过的一些事，他们也比你更早地经历过，比如当求学变成打工，比如当爱情变成婚姻。就算他们有些地方不如你，你不与他们建立师生关系，但至少应与他们建立伙伴关系。

你有过这样的经历吧？在某一门课程中你拿到了高分，因为你很幸运，因为别人答错了的那道题你曾做过。在成年人的考场上，你同样会遇到很多必须完成的考题。比如，"怎样才能拥有真正值得信赖的友情？"如果你愿意把父母当作一本习题集，付出时间和耐心多做几遍，你可能会发现，你眼中那个专制的父亲、没法沟通的男人，原来可以成为你最讲义气的哥们儿，当你需要有人为你两肋插刀的时候，他早已为你插了十多把刀；而那个唠叨的母亲、不可理喻的女人，原来可以成为你最亲的红颜知己。

你该庆幸你有个家。齐家、治国、平天下。**家就是你的第一个训练场，父母就是你的教练加陪练**。这两个人会击倒你，但不会弄伤你。况且，如果你不能把这两个世界上最疼你、爱你的人，变成你的朋友，你到社会上怎么交朋友？在成人世界里，几乎90%的人都忽视了他们最应该结交的两个最忠诚的朋友。而你不同，你要成为那幸运的10%，你将得到命运最宝贵的恩赐。

有一本书叫作《佛说父母恩重难报经》，里边说：

"母愿身就湿，将儿移就干；两乳充饥渴，罗袖掩风寒。恩怜恒废枕，宠弄才能欢；但令孩儿稳，慈母不求安。"说的是，母亲心甘情愿屈身在湿冷的地方，却把孩子安置在干燥的地方；用两乳喂孩子以解饥渴，用衣袖遮掩孩子，挡风避寒；因为孩子，母亲经常会睡不安，只有把孩子逗乐了才心宽，母亲但求孩子得安稳，自己从来不求安乐。不仅如此，"子苦愿代受，儿劳母不安。闻道远行去，怜儿夜卧寒。"意思是说，孩子受苦，父母愿代替他受苦。听到孩子要远行去外地，父母便整夜整夜地难以入睡，受寒生病。这就是，慈母年百岁，常忧八十儿。对于世界，你只是一个人，但对于父母，你却是整个世界。你有反思过，父母对你意味着什么吗？

孩子，或许你听过歌手韩红的那首《天亮了》，歌曲是那样的美丽动听，又是那样的催人泪下。

那是一个秋天，风儿那么缠绵，

让我想起他们那双无助的眼。

就在那美丽风景相伴的地方，

我听到一声巨响震彻山谷。

就是那个秋天，再看不到爸爸的脸，

他用他的双肩托起我重生的起点……

你知道这首歌背后那个让人震撼的故事吗？

1999 年 10 月 3 日，正值国庆假期，一对年轻的夫妇潘天麒和贺艳文带着两岁半的儿子外出旅游。那一天，风和日丽，一家三口来到了贵州麻岭风景区，开心地坐上了马岭河峡谷谷底唯一的缆车，夫妇打算乘坐缆车之后，再带孩子去"西南第一漂"。可是，谁都没有料到，悲剧发生了。正在运行的缆车突然向山下坠落，如箭一般，一声巨响，缆车重重地撞在地面上，断裂的缆绳在山间四处飞舞。就在缆车坠落的一刹那间，这对年轻的夫妇，不约而同地用双手托起了年仅两岁半的儿子。

结果，孩子只是嘴唇受了点轻伤，而这对夫妇却先后死去。当救援人员从妈妈那僵硬的双手中拽出孩子的时候，妈妈的手仍然死死地抓住孩子不放，直到孩子胖乎乎的小手抚摩妈妈的脸，妈妈的双眼才徐徐闭上。你能想象吗？在轰然落地的一

刻，是怎样巨大的一种压力啊？可这对年轻的父母
却能够高举手臂，托起孩子的生命。

· ·

天塌下来，父母就是生命的支撑；地陷下去，父母
就是孩子的庇护。

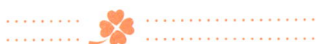

· · · · · · · · · · ❀ · · · · · · · · · · · · · · · · ·

2008 年 5 月 12 日，汶川特大地震发生后，在
一堆废墟中，救援人员看到了这样一幕：一个女人
双膝跪着，双手扶地支撑着身体，就像古人行跪拜
礼那样。救援人员从废墟的空隙伸手进去，确认女
人已经死亡。救援人员冲着废墟喊了几声，在得不
到任何回应之后，准备转移。就在这时，救援队长
似乎意识到了什么，他来到女人的身体前，费力

地把手伸进死者身下的空间摸索，"有个孩子，还
活着。"

　　废墟被清理开了，在女人的身体下面，一个
三四个月大的孩子，包在一个小被子里，他正熟睡
着。因为母亲的身体庇护着，他毫发未伤。随行的
医生过来解开被子，准备做些检查，发现有一部手
机塞在被子里，手机屏幕上显示的，是一条已经编
写好的短信："亲爱的宝贝，如果你能活着，一定
要记住我爱你。"那一刻，最坚强的救援人员和随
行医生都唏嘘不已——孩子生命的奇迹，验证了母
爱的力量。

　　不仅是人类，在动物界中，同样有着这样令人为之
动容的故事：一个盗猎者追逐一对羚羊母子，追到了

峡谷边，母子俩同时起跳，母羚羊为了救小羚羊，在弹跳的那一瞬间放慢了速度，母亲在半空中先于小羚羊下降，小羚羊踩在母亲的背上，第二次起跳，顺利地跳到峡谷对面，而它的母亲落入山谷摔死了。看到这一幕，盗猎者震撼了……

这一个又一个永恒的奇迹，就连科学也无法解释。是什么让孩子绝地逢生？没错，是父母；那又是什么让父母都变得如此坚强？孩子，那是爱的力量啊。父母对子女的爱，是天底下最无私的，是最不求回报的。

亲爱的孩子，你可能没有经历过这些令人震撼的场面，你经历的都是些鸡毛蒜皮的小事情。但仔细品品，就会发现，小事情里面也有大爱。货车司机老梁被人打破了头，只是为了和货主争执五块钱。他经常多跑两百米，就是为了把六块钱的盒饭换成五块钱的。但是，他省吃俭用送儿子上了贵族学校。这个男人说，他从来都不好意思把车开到儿子的校门前。可儿子请同学吃饭，花了五百块钱还觉得寒酸。孩子不知道，那足够父亲吃一百顿饭了。孩子也许感受不到，那个叫作父亲的男人有多好，只知道他的教养太少、他的脾气那么暴躁、他那么老土、他和别人打架、他那么抠门……可是，如果没有那么多苦难，他脾气不会那么坏，品位不会那么差，不会有那么多的创伤，不会那么苛待自己……

亲爱的孩子，正如你不能要求自己太完美，你也不能对父母要求太苛刻。我希望，拿到这本书的你，不要错过命运最宝贵的恩赐，不要浪费父母这两个最忠诚的朋友。**与父母交朋友，这是你进入成人世界最好的预演**。最好的父子关系是知心朋友，最好的母女关系是知心朋友。

那么如何成为父母的朋友呢？关键的是要和他们交流。我告诉你一个魔力词汇，叫作"示爱"，就是明明白白表示你的爱。假如，你到乡下去考察，突然发病倒在水沟里，你浑身泥水，不省人事。这时候有素不相识的农民背起你，走了一个小时的山路，把你送到了镇上的医院，并且替你付了医疗费。你醒过来的时候，那人已经走了，连姓名都没有留下。你会感谢那个人吗？当然会的，因为你是一个懂得感恩的人。但我要说的是，你真的懂得感恩吗？你的父母天天都在做这样的事，十几年来，你又是怎样感恩的呢？

亲爱的孩子，你记得《小王子》那个寓言故事吗？向作者圣·埃克苏佩里学习"示爱"吧。他从 10 岁开始就陆续给母亲写信，直到他长大成为飞行员，直到他幸福地逝去，留下了 100 封家书。最近我读了他的信，被他对母亲的挚爱深深打动了。我想，有一天你做了父母，你有这样懂事的孩子，你也会幸福得想哭。

当他成为飞行员，在海阔天空的飞行里，他感受了比这更伟大的东西。他写信给母亲：

　　教我什么叫浩瀚的，不是银河，不是飞行，也不是海洋，而是在您房里的另一张床。那时候要是生病了，真是大好的机会。每个人都想生一次病。只有感冒的人才能享有这片无尽的海洋。

　　你看，他写得多动情。没有人想生病啊，但是作为儿子的他想生病，因为那是他最幸福的时光。生病时，躺在母亲卧室里的另一张床上，享受母亲的呵护。

　　当接到母亲寄来的包裹时，他没有视作理所当然，他写道：

您的一衣一物都能让我满心温暖。您的大围巾、您的手套，包裹的是我的心。

当在沙漠中失事，历经危难才回来后，他立刻写信给妈妈：

我是靠着妈妈您才回来的。您简直就像守护天使，坚强、聪慧、盈满祝福；夜里一个人的时候，我都向您祈祷，您可知道？……我的好妈妈，我读着您纸短情长的家书，哭了，因为我在沙漠里呼唤了您的名字。

当他遇到困难的时候，他没有冷漠地坚强：

今晚我真的难过得想哭。当我伤心难过的时候，您真的是唯一的慰藉。记得我还是孩子的时候，背着书包回家，因为被处罚，边走边哭——您可还记得，是在勒芒的时候，只要您亲亲我，我就什么都忘了。您曾是我对抗督学和学监的强大依靠。回到您的屋里，我就觉得安全了，在您的屋里，没有危险，只要做您的孩子就好。真好。

即使我们长成参天大树，在父母眼里，我们还是需要呵护的小草。**当父母的，天然就有这种"被需要"的幸福。**我的孩子，如果你能学一学圣·埃克苏佩里，理解父母的爱，并且明白地向父母表示你的爱。更重要的是，要让他们知道，这世上任何事都没有他们的爱更重要，那么，父母就会成为天下最幸福的父母，你也会得到更多的理解和关爱。

曾经，我也和你一样被父亲深爱着。他讲话不多，是一个沉默的男人，深沉得让我读不懂他，当我真正懂得他的时候，他已经去世了。亲爱的孩子，这世上有很多遗憾，做父母的遗憾是"父欲教而木成舟"——当我们懂得教育自己的孩子时，他们已经定型了；做儿女的遗憾是"子欲养而亲不在"——当我们知道回报父母时，他们已经永远地离开了。

孩子，不管多么美满的缘分，都有曲终人散的时候，而且多是做父母的先走。这世上什么人的爱最细

微，是父母；这世上什么人的爱最博大，是父母；这
世上什么人的爱最长久，是父母；这世上什么人的爱
最短暂，还是父母。亲爱的孩子，让我们珍惜吧，趁
他们还在，做点什么，让他们感受我们的爱。

深圳 Lee：父亲是那个可以为我两肋插刀的男人吗

父亲是那个会为我两肋插刀的男人吗？这个问题对于我不再重要了。重要的是，在我 34 岁的时候，一直在我心里哭的、被父亲远远推开的小男孩终于笑了——父亲爱我。

杨老师：

在朋友的车上，我听了你的 CD，当时就有一种冲动，想做点什么。犹豫了一个星期，我给父亲打了一通电话。在这之前，我们已经有几个月没有讲过一句话。我们已经习惯，没有消息，就是好消息。

我的父亲是一位美工师，从我记事开始，他好像都对我不怎么在意。几乎没有像别的父亲一样给我讲过一个故事，和我也没有任何共同的话题。小时候，我最嫉妒我的表哥，他可以和他的父亲很亲近，能被父亲举得很高，或者被紧紧搂进怀里。每次我想靠近父亲，他总是很冷淡地把我拨到一边。他总在画画，最多只是给我玩一玩他的画笔。我很喜欢那些画笔，虽然父亲并没有教过我，我终于还是考上了美术学院，成了一名还算成功的设计师，这也是我心里唯一觉得能够靠近他的东西。现在，我在深圳结了婚，有一间自己的工作室，为客户推广小剧场话剧。

我的很多朋友都能讲出来和父亲的回忆，我的回忆却很模糊，好像我忽然之间就长大了，离开家，成了现在的自己。很多很多年，父亲从来没有给我打过一通电话，只有母亲打过来，或者我打回家里去。两个男人之间几乎没有交流。有时候，也会忽然很想和他讲几句，问问他好不好，他接过电话，每次就只有一句话："好好干！啊——"就算加上后面那个"啊"，也永远凑不上五个字。我常常想，他真的爱我吗？为什么我所有的努力、成绩，他都看不到，就只会沉默，沉溺在他自己的世界里。你说，父亲是那个可以为你两肋插刀的男人，我真的很怀疑。

回到我最想告诉你的那件事，是的，我给父亲，这个我从来都不曾了解过的男人打了电话，和从前一样，挺尴尬，我拿着电话，找不到话题，甚至有点后悔这么做，好像演员上了场才发现自己忘了台词。我只有想到什么说什么，说我最近在做的事，说了一大堆，连我自己都有点摸不着边际。我甚至希望他能不耐烦地打断我，可他竟然一直在听我说。后来终于，我说不下去了。我忽然发现我原来那么像他，就连一句想他的话，都说不出口。最后，我说了那句很久都想和他说的话，我其实很想他。然后立刻觉得自己好蠢，父亲一定会看不起我。

就在我挂断电话之前，我听到父亲叫了我的名字，他说一个月前接了一个画壁画的工作，要去内蒙古，如果我不忙，或者我们可以一起去……

两天之后，我停下手边所有正在进行的工作，和父亲一起坐上了去乌兰浩特的火车，拿起很多年都没有拿过的画笔，和父亲一起踩着梯子和脚手架，为当地的"乌兰浩特师范学校"绘制仿古建筑彩画。整整画了二十几天，我和父亲除了在街边的小酒馆吃饭时随便聊几句，几乎没说过什么话。完工那天，父亲拿到了我在深圳只要几天就可以赚到的一万块钱，站在学校的操场上仰头望着那些在阳光下金碧辉煌的廊壁和屋檐，递给我一支点着的烟，笑了。我吸着那从不知名的小店里买来的烟，呛得眼泪直流，脑子也晕晕的。从不抽烟的我，真的分不清让我流泪的到底是烟还是别的什么。

送父亲回到老家后再次出发，他破天荒地来车站送我，火车开了，父亲还留在站台上，我想哭，没哭出来。

杨老师，我想说的是，谢谢你，提醒我在父母还在的时候，能为他们做点什么。说爱可能很难，但只是一通电话、一句想念，已经让我的人生改变了这么多。父亲是那个会为我两肋插刀的男人吗？

这个问题对我已不再重要了。重要的是，在我34岁的时候，一直在我心里哭的、被父亲远远推开的小男孩终于笑了——父亲爱我。

附：这套CD，朋友已经送给了我，我现在几乎天天都在听，很想在推广上出一点力，如果你愿意，可以联系我。随信附上我们在乌兰浩特拍的照片。

Lee（深圳）

这段廊壁父亲画了一整天，他说，在从前这只是转眼的事儿。

完工那天，远远地，我偷偷拍下了父亲正在发呆的侧影。

回深圳的列车上，我意外地发现，父亲拍的镜头里竟然也有我。

·05

全 球 通 行 的 社 交 护 照

为什么 30 年来的高考状元全军覆没，没有一个变成职场状元或杰出官员？不能破译这个密码，你将为成功付出比别人多 4 倍的代价。

做了 10 多年的管理顾问，让我有机会当面向企业家提问题："你的成功，如果就说两个字，是哪两个字？"你猜 80% 的人的说是什么？不是聪明，不是勤奋，不是坚持，不是激情。你猜到了吗？对了，是人缘。所谓人缘，说到底就是个人与众人的关系。一个人在走向社会的时候，良好的人际关系将是他走向成功的最大资本。

美国著名成功学家安东尼·罗宾在对 2000 多人进行了长达 10 年的跟踪研究后，得出一个惊人的结论：**一个人的成就大小，往往和他拥有的支持者、帮助者的数目成正比。**影响人生成功的最重要的因素不是人的才华、家庭背景等，而是人的社会关系或人缘。

在你还是个孩子的时候，社交对你来说，是可以绕过的路。因为即使全世界的人都不喜欢你，你还是可以躲进父母的城堡。但是进入成人世界，社交就是你不得不走的路，就是你不得不过的桥。在我所在的这个世界里，成功 20% 靠打拼，80% 靠人缘。这意味着，**没有社交的能力，你将为成功付出比别人多 4 倍的代价**。

你说，我经常考第一，经常有好成绩，为什么要有好人缘？ 2007 年的《中国高考状元职业状况调查报告》披露了这样一则令人震惊的信息，30 年来的高考状元全军覆没，没有一个变成职场状元或杰出官员；即使在学术领域，中国两院院士、外国两院院士、长江学者的名单里，高考状元也榜上无名。因为在成人世界里，你必须破译一个有关社交的密码：在孩子的世界里，考的是智商（IQ）；在成人的世界里，考的是情商（EQ）。如果用一个公式来表示，就是：100% 的

成功 =20% 的智商 +80% 的情商。孩子，你想成为非常人物，那你就需要非常情商。

要知道，你将进入的那个成人世界里，有那么多的美好，也有那么多的不美好。恃强凌弱的现象经常发生，在学校里的以大欺小就是预演。如果遇到这类事情，低情商的表现是以牙还牙，高情商的表现是控制影响。

什么是控制影响呢？美国心理学博士丹尼尔·戈尔曼在他的一本《社交商》中就有一段很具体的说明。

有一个男孩，同你现在一般大的年纪，因为身材略微发胖，所以同学们都管他叫胖墩。有一天，胖墩跟另外两个男孩去踢球。那两个男孩一看就是运动健将，所以，在去往足球场的路上，他们嘲笑走在前面的胖墩："你要尝试踢足球了？"语气中透着轻蔑。受到这样的侮辱，这个年龄的男孩是很容易打起来的。胖墩闭上眼睛，做了个深呼吸，好像要准备战斗一样。

但出人意料的是，他只是转过身去，平静而又实事求是地说："是的，尽管我足球踢得并不好，我还是要试一试。"然后，他指着挑衅的那个男孩说："至于你，你的球技很棒，真的很高超！"听到这话，挑衅者轻蔑的态度彻底消失了，他友好地说："其实你的球技也没有那么差劲儿，如果你愿意，我倒可以教你几招。"

孩子，**什么是高情商？什么是社交能力？这就是啊，一能控制自己，二能影响他人。**就在一转念间，

胖墩用自己的社交商解决了冲突，把一个眼看就要爆发的"争端"关系转变成一个良好的合作关系。其实，小到人际关系，中到部门关系、企业关系，大到国际关系，都需要掌握一定的社交能力。

在我 10 多年的管理顾问生涯中，我接触过无数企业，我发现很多企业领导人能取得非常成就，未必是因为他的智商很高。其实在领导能力中，一个人的智力因素发挥的作用很小，很大程度上取决于他的非智力因素。什么是非智力因素？顾名思义，它指的是除智力因素外的其他因素，实际上也就是现代心理学所讲的情商。情商包含的内容有几个方面，比如，认识自身的情绪；调控自己，能妥善管理自己的情绪；懂得自我激励。当然还包括认知他人的情绪，跟他人正常交往，并懂得管理好人际关系，也就是在社交中体现出来的人缘。

一般说来，人缘的好与坏，就是指个人社交能力的强与弱。一个人的人缘好，社交商就不会低到哪儿去。那么，如何判断自己的社交商是高是低呢？其实，在生活中，饭桌上特别容易看出一个人的社交商高或低。我喜欢在饭桌上看人，不论每个人的地位高低，只要看看每个人的表现，高下立现。那些夸夸其谈、旁若无人、独霸话题者，大半是社交商低手；掌握分寸、照顾周到、分配话题的人，往往是社交商高手。你回想一下，在年夜饭桌上，你的表现是什么样的？孩子，教你一个最简单的方法，如果两人在一起，你的话超过了70%，四个人在一起，你的话超过了50%，小心你的社交商不及格哦。

那人缘从何而来呢？你可能会说，"穷在闹市无人问，富在深山有人找"，有钱有势不就有人缘吗？孩子，我当了多年的组织部长，阅人无数，我可以明确地告诉你，看透一点，那不是人缘，是钱缘，是权缘。在成人的世界里，因钱结缘靠不住，因权结缘长不了，钱没了，权没了，人和人的缘分就尽了。

亲爱的孩子，有一身好本事，可以安身立命；有一个好人缘，可以八面来风。人缘的好坏不仅说明了你的成熟程度，还能够让你拥有更多的成功机会。看看你身边那些人缘好的同学、朋友、同事，他们是不是处处受欢迎，容易得到老师的喜爱、同事的帮助、上司的信任？他们做事是不是也很顺利啊？孩子，好人缘是一种最高境界的处世能力，能为你的事业成功扫清许多障碍。所以啊，一定要因人结缘。

什么叫因人结缘？有一位日本女作家，叫和田裕美，她写了一本书，叫作《好人缘，就这么简单》。她把好人缘归纳为九字真经，就是，**存好心、做好事、说好话**。

存好心，就是心地善良，不存恶念。你细心体会一下，遇到心地不善的人，连小猫小狗都会避而远之的，所以要与人为善。明朝洪应明有一部《菜根谭》，就讲道："攻人之恶毋太严，要思其堪受；教人以善毋过高，当使其可从。"意思是，当责备别人的缺点时不可太严厉，要考虑到他人是否能承受；教诲别人行善时，不可以要求太高，要考虑人家能不能做到。

做好事，就是乐于助人。遇难帮一把，见利让一分。这就叫行善积德。日积月累，情感账户的存款就越来越多，利息回报也会相当丰厚。

可能有人说了，我有了好心，做了好事，但是没有好报啊。和田裕美提出了一个观点，问题很可能出在嘴巴上，你嘴巴伤人，好心就抵账了，好事就白干了。你有体会吧，老爸刚给了你零花钱，你还没来得及谢谢，他就说了，就知道要钱，有钱了别给我出去扯淡啊。——这钱就算白给了。

你又说了，我有时嘴巴也很甜啊，可为什么没有效果呢？哎，打住，"有时嘴巴也很甜"？问题就出在这个"有时"上。说好话，有时不行，偶尔不行，要经常说。经常到什么程度，好话成为"口头禅"，好像已经形成了条件反射一样。

比如，爸妈告诉你："给你留的西瓜在冰箱里。"你的应答是："谢谢爸妈，我给你们切两块吧？"

比如，你的竞争对手挑衅道："你也太差劲了吧！"你的回答是："谢谢，您看我哪里有待改进？"

比如，你的上司说："这件事做得不错！"你的应答是："谢谢，多亏了您的关照。"

你可能说，这么多的"谢谢"烦不烦呀？你可以观察一下，招成人喜欢的孩子，招孩子喜欢的成人，人见人爱的女人和男人，都有这样的习惯。**好话变成口头禅，谢谢多了人不烦。**

你可能要问，维持良好的人际关系，除了谢谢，还有更简单的吗？有啊，那就是微笑。在人际关系的花园里，如果说谢谢是春雨，那么微笑就是阳光；如果说谢谢是一种反馈，那么微笑就是一种主动示好。就像和田裕美说的："受人欢迎的人，大多会主动向别人微笑。这样做可以营造出融洽的氛围。他们总是这样面带微笑、满怀兴致地向对方提问。打个比方，就仿佛那种叫作'飞去来也'的飞镖似的，盘旋一周以后，依旧可以飞回到投掷者手中。他们正是在这种飞镖上附上'我很喜欢你'的信息，然后瞄准对方投掷出去。最终，这个'好感飞镖'还将同样带着对方的友善之情，飞回投掷者的手中。"

在西班牙内战期间，就有一则微笑与生命的真实故事。

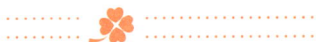

一位普通军官不幸被俘，被关进了阴冷的单间牢狱。在被处以死刑的前夜，这名军官搜遍全身竟发现了半截皱巴巴的香烟，他想吸上几口，缓解恐

惧，可他没有火柴。于是，在他的再三请求之下，铁窗外的那个士兵面无表情地掏出火柴，划着火。就在那火光闪烁的瞬间，士兵看到军官正向他微笑。令人惊奇的是，士兵在几秒钟的发愣后，嘴角不太自然地上翘，竟然也露出了微笑。这位军官在他后来的回忆录中写道："此时我意识到他不是一个士兵、一个敌人，而是一个人！这时，他也好像变成了另外一个人，从另一个角度来审视我。他的眼中流露出人性的光彩，探头过来轻声问：'你有孩子吗？'

"'有，有，在这儿呢！'我用颤抖的双手从衣袋里掏出票夹，拿出我与妻子和孩子的合影给他看，他也赶紧掏出他和家人的合影给我看，并告诉我说，出来当兵一年多了，想孩子想得要命，再熬几个月，才能回家一趟。

"我的眼泪止不住地往外涌，我对他说：'你的

命可真好，愿上帝保佑你平安回家。可我再不能见到我的家人了，再也不能亲吻我的孩子了……'

"突然他的眼睛亮了起来，用食指贴在嘴唇上，示意我不要出声。他机警地、轻轻地在过道巡视了一圈，又踮着脚尖小跑过来。他掏出钥匙打开我的牢门。

"我的生命就这样被一个微笑挽救了……"

一个微笑，敌人变朋友；一个微笑，地狱变天堂。这个世界的逻辑就是镜子的逻辑，你笑，它就笑。看来，让人喜欢很简单，一笑足以抵千言。

亲爱的孩子，一个好人缘，就是一张在成人世界里通行的护照，不分语言和种族，它可以将你带到你想去的任何地方，它可以帮你实现你心中的任何梦想。

❀ 读者来信（五）

阿峰："杰出校友奖"?! 哇，我做了毕业以后最有成就感的一件事

实事求是，我不是一个混得特别好的学生，但我的老师告诉我，就凭这一件事，我绝对应该得"杰出校友奖"。哇，我做了毕业以后最有成就感的一件事！

杨老师：

没想到，你的 CD 让我得了一个奖（等下再说是什么奖）。

今年"十一"，为了纪念高中毕业 15 年，我

和同学们说好了一起回陕西老家聚会。临行前，我准备了两盒铁观音，忽然想到有个客户和我提了不止一次，说我们行给客户订的礼品里有一套给孩子听的CD特别不错，他儿子听了居然还哭了，比以前懂事了很多。于是，我就带了两套给我的高中班主任，希望对她班上的孩子有点用。

我在银行做客户经理，职位不高，业绩还算不错。毕业10年，终于在30岁以前结了婚，贷款买了房，算是在深圳安了家。实事求是，虽然也算个白领，但酒桌上和我那帮混得特别好的同学比起来，我最多也只能排个中上等。把礼物给老师，我拿的袋子明显显小，真有点灰溜溜的。

因为请的是年假，"十一"假期过完我又在家多留了几天，没想到老师竟然给我打来电话，把我叫到学校去，作为"特约嘉宾"，和校长、教务主任还有十几位家长一起，参加了她班上的主题班会，在教室里和她教的孩子们一起听我带回来的——你的CD。

关于生命的话题，你讲到那个朋友梦到他死了，灵魂变成了一只蝴蝶，看到了他死后的景象，一些孩子开始抽泣，我也觉得很受震动。后来讲到父母，更多的孩子流泪了，还有几个孩子上台去分享自己和父母的故事，整个教室很安静，不只是孩子们，包括我，还有在场的大人们，也都被感动了……

最后，当老师向大家隆重介绍，这套CD是远在深圳的一位校友——也就是我——专程给大家带来的礼物时，所有人都开始鼓掌。我一时晕了，虽然口才不好，也只能上台顺着老师的话说，这是我专门从深圳挑选的，说到最后都有点结巴了。还好最后圆满收场。

在场的家长当时就围了过来，托我回深圳代他们多订一些，给孩子拿回家再多听几遍，还掏出钱来。说实话我根本没想到会有这种情况，也并不知道CD的价格，所以真有点措手不及。我只好答应他们，回去会给每个孩子都订一套，统一寄过来。看着已经上了年纪的老师满脸自豪地站在我旁边，我忽然想起自己读书的时候虽然成绩并不是特别好，但她对我一直特别关心，有一次过端午节还给住校的我送来了粽子。一时间不知道哪来的勇气，我竟然当着大家的面说："作为校友，我一直想对母校做点贡献，所以给孩子的CD都由我送给大家，只要能对孩子们有帮助，这也算我的一点回报。"嘿嘿，还真有点酒壮英雄胆的意思。

　　校长当时就对我表示了感谢，还破例接受了几位家长的邀请，请我和老师一起吃了午饭。饭桌上，老师喝了点酒，很高兴，她说，多少年来学生们给母校送了不知道多少礼物，但我这次带回来的礼物是最有意义的，因为它关系到很多孩子的未来。就凭这一件事，我绝对应该得"杰出校友"奖。哇，我以为自己没混出什么成绩，没想到竟然无意间做了毕业以后最有成就感的一件事！那种自豪真没法形容！

　　回到深圳，我特别感谢了那位客户，也把这件事告诉了老婆大人，她没有怪我"充大头"，反而表扬我这事干得实在漂亮！我们已经商量好，春节的时候再多订一些CD，回她的老家看看她的老师们，也给母校的孩子们带上这份特别的礼物。我们还计划约上一些朋友，还有我的客户，组成一支爱心车队，带上文具、书本，还有你的 CD 去一趟西藏，把它送给沿途的学校。

杨老师，我没有见过你本人，可你的声音让我们相信，你一定是一位真心爱孩子的人。作为你的听众，我和我老婆都衷心希望能和你一起为孩子们做点事，虽然我们还没有成为父母，但我们都做过孩子，也都为一些不该做的傻事付出过代价。作为一个走了许多弯路，并不特别成功的成年人，我知道，没有什么比让孩子们"更早地看到未来"更有意义。这不只是"杰出校友奖"，更是"杰出人类奖"，你说呢？嘿嘿。

谢谢你！

阿峰（深圳）

·06

叫 醒 成 长 的 噩 梦

一位 28 岁的博士为什么连杀六人，成了同学和老师的噩梦？一位不把成功作为目标的华裔女性，又为何成就斐然，成为美国劳工部长？"全美最好的老师"用英国女王颁发的"帝国勋章"为你带来真相。

中国是有教育传统的国度，家长有一个算一个，哪个不想自己的孩子有出息呢？孩子有一个算一个，哪个又愿意自己没出息呢？但是我想问一声，出息个什么？

卢刚，一位28岁的博士，北京大学物理系高才生，通过李政道博士的出国考试，来到美国爱荷华大学。因为他太出色了，所以他容不得别人超过他；因为他太在乎别人的评价了，所以他容不得自己不优秀。于是，在得不到老师的正确评价时，他开枪杀死了自己的博士生导师戈尔咨——爱荷华大学最好的教授；杀死了他嫉恨已久的竞争对手——风华正茂的学子山林华博士；还杀死了无辜的副校长安妮等人，然后举枪自杀。所谓，才子一怒，六死一伤。

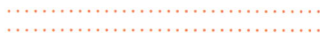

卢刚们出息了吗，可以说是的；可是他们出息成了一条悲哀的"龙"。他们自己是可怜的，他们的家长更是可悲。卢公好龙，一心育龙，可怜天下父母心啊，被"望子成龙"误导了两千五百年，哪承想耗尽全部心血，育出一条没有人性的孽龙。

在精英导向的教育氛围下，每一年高考，都会引发"状元热"。高考成了一个产业，传授高考秘诀成了一门商业。对智力的提升替代了对人格的培养，许多神童成了产业链上的商品……事实上，什么事热得不行，一定是病得不轻！**人才人才，核心是人，如果不成人，成才或是一场噩梦**。

卢刚是一个高智商的人，他的行动不是一时冲动或精神失常，而是多次权衡的结果，是按照他所奉行的人生信念行事的结果。根据同学们的回忆，卢刚是一个刚愎自用、目中无人、时而埋头研究、时而放浪形骸的人。他十分孤僻，没有什么人愿意和他来往。在美国与同学合租房子，卢刚从不打扫屋子卫生，喝完的牛奶瓶就随手扔在地上。夏天天热，他睡在客厅里，经常把冰箱打开一整夜，根本不顾别人存放在冰箱里的东西会发馊变坏。卢刚还经常以"物理尖子"自居。说话喜欢揭别人短处，以嘲弄别人为快乐，时常"出口伤人"。凡事都想到阴暗面，喜欢走极端。系里在毕业生中发起募捐，卢刚开了一张支票捐款，面额是一分钱。

一位熟悉他的教授说："卢刚是一个自恋型的人

物……自恋性格的人会怨恨他们认为伤害他们感情的人。他们看人，并不是看人的本质，而是根据自己的解释看这些人怎么伤害他。"

那卢刚自己又是怎么评价自己呢？他给姐姐的信里写道：

"久旱逢甘露，他乡遇故之（知），洞房花烛夜，金榜题名时。"这人生四大目标，我都已尝过，可谓知足矣！我虽然是单身，但女友已有过一些。高中住宿时我就已开始交女朋友，上大学时经常和女孩趁黑溜进二六二医院过夜。到美国后，中国的外国的、单身的已婚的、良家女或妓女都有交往。我这人没有恒心，我是见异思迁，不能安心于某个特定之人。

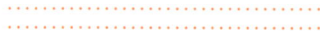

你看到了吧，多角度透视，才长人缺，最终的问题一定出在人上。如果把人才比作一棵树，人是树根，才是树干，如果没有扎实的根基，哪里会有参天的大树。要做一个好才，先要做个好人；要做一个才子，先要做个君子。什么是君子？孔子说得很清楚，君子之道有三："知者不惑，仁者不忧，勇者不惧。"意思是说，君子要理智，头脑清醒就没有什么可迷惑的；君子要仁慈，心地仁厚就没有什么可忧虑的；君子还要勇敢，勇敢自信就没有什么挫折不可战胜的。

君子 = 仁 + 智 + 勇，这样看问题就清楚了。受了委屈就杀人，首先是不仁慈，其次是不理智，第三是不勇敢。北宋文学家苏轼在《留侯论》里写道："匹夫见辱，拔剑而起，挺身而斗，此不足为勇也。天下有大勇者，卒然临之而不惊，无故加之而不怒。此其所挟持者甚大，而其志甚远也。"意思是说，真正勇敢的人会冷静睿智地处理问题。动不动就拔剑而起，挺身而斗，那就是一介鲁夫。要说得再直白一点，就是一个懦夫，因为你不敢于直面人生的挫折，不敢于正视竞争的失败。

亲爱的孩子，何谓成人？并不是说你长成七尺男儿就算成人了。如果你恐惧失败，你就是一个怯懦的小孩。哪怕你身高长到两米二，你只是个侏儒。相反，如果你面对逆境能够顽强站起来，哪怕你身高不到一米，你依然是个巨人。

尼克·胡哲，也是一个"80后"，1982年出生在澳大利亚墨尔本，一出生身体就只有半截，只有左脚掌以及相连的两个指头可以用来行走。医学上把这种症状称为"海豹肢症"，意思就是，即使能存活下来，他也只能像海豹一样在地上挪动。他的母亲绝望地说："只希望这是一个噩梦，可以随时醒过来。"

　　幼儿时期的尼克并不觉得自己有什么不同，他天真、好奇地过着生活。不长大多好啊，人一长大，就体验了痛苦。他从小伙伴的嘲笑中，发现了自己的残缺，原来自己只有一个"小鸡腿"。在 8 岁那年，尼克·胡哲给自己的人生下了定义，认为自己一辈子都不会结婚，一辈子都不会找到工作，永远都不会有人生目标……尼克越来越自卑、越来越孤独、越来越恐惧，他想到了逃避，用自杀来摆脱这可悲的命运。

　　有一次，他故意让自己掉进浴缸里面，想把自己淹死，可是，命运还在折磨他。因为没有四肢，他的体重要比正常人轻许多，所以，他无法下沉，想死都不能。这个时候，他开悟了，既然死不了，就好好活下去吧。身体只是缺了一些零件，何必自轻自贱？

　　真正的勇敢不是自杀，也不是杀人，而是笑对命运的挑战。尼克就是这样一个人。他向命运讨回了他缺失的人生。经过长期训练，尼克不仅逐渐学会了怎样应付身体的缺陷，还开始独立去做越来越多的事情。除了能够跟正常人一样刷牙，他还学会了游泳、踢足球、打高尔夫、钓鱼、骑马、自驾快艇，成为一个冲浪高手，会用脚玩电脑，等等。如今，他拥有两个大学的学位，当上了国际公益组织的总裁。

改变自己的命运，这还只是他价值的一小半。尼克的伟大，在于他不仅做到了独善其身，还做到了兼善天下。通过自己的努力，尼克成为世界著名的演说家，每年巡回世界各地为需要帮助的人演讲。尼克没有脚却走遍了世界五大洲，35 个国家，开展了 1600 场演讲，与上百万人分享了他充满励志激情的人生故事，帮助许多正常人重树人生信心。

2009 年，尼克受邀来到中国。在四川什邡中学进行演讲，他以自己的人生经历激励在地震中失去肢体的孩子，"没手，没腿，没烦恼"，告诉他们别放弃，"你可以跌倒，但你不可以成为失败者"。接着，尼克又到了复旦大学，就"今天我们怎样成长"的主题，给复旦的学子们讲述了自己不一样的心路旅程。他告诉同龄人："如果别人没有给你奇迹，你就去成为奇迹。"

"如果别人没有给你奇迹，你就去成为奇迹。"尼克用自己的坚强意志和努力，创造了很多健全者也做不到的成就。再看看我们身边，有些人身材高大，而心灵却如此矮小，脆弱得一个嘲讽就能把他击倒。尼克让我们健全人羞愧：到底谁健全，谁残疾？影响我们长大的，是肢体还是心灵？妨碍我们成人的，是别人还是自己？亲爱的孩子，改变你生命的交响乐吧，让噩梦变成美梦。做一个真正的勇者吧，即使不能站着成为一座山，也能坐着成为一座碑。

比起健全的人来，尼克的意义不在于才，而在于人，他是一个大写的人。他在改变着无数人。可惜的是，大多数人的眼睛里，把人小写，把才大写，第一追求还是成才，衡量人才的唯一标准又是考试成绩。在一个众人皆醉的环境下，你能不这样做吗？能啊，而且很成功，在美国洛杉矶的霍伯特小学，一位男教师，他叫雷夫·艾斯奎斯，他提出了这样的观点："望子成龙"不如"教子成人"。

在《第56号教室的奇迹》这本书里，记录了雷夫的一个教学实验，"在这里，成绩放在其次，品格得到培养，努力得到尊重，谦逊得以发扬"。他的观点一开始得不到支持，但现在已经得到了主流社会的认可。《纽约时报》把雷夫尊称为天才和圣徒，《华盛顿邮报》称他为全美最好的老师，美国总统授予他"国家艺术奖"，连英国女王也给他颁发了帝国勋章……雷夫的观点也得到了越来越多的有识之士的认同。

华裔的前美国劳工部长赵小兰在接受央视采访时就一再讲道："我每开始一项工作的时候，都不把成功作为最终目标。……我的最终目标不是追求成功，而是首先要做一个好人，然后对社会有所贡献。"

说得多好啊，"首先要做一个好人，然后对社会有所贡献"。亲爱的孩子，如果你有着望子成龙的父母，请你体谅他们的急切心情，因为在他们过去经历的儿童世界里，他们所接受的教育就是，成龙就意味着成功。然而现在，如果他们将这本书送给了你，一定是因为他们认同了 56 号教室里发生的奇迹。是的，不要以为我反对成龙，我只是让你记住先后顺序和主次关系：**成人而后成龙，才是一条幸福的龙**。

君子之道仁、智、勇，学校里老师教给了我们智，我前面讲了勇。现在我想和大家谈谈什么是仁。首先，我想问一个问题：这世界上好人多，还是坏人多？

孩子，你先别急着给出答案。让我告诉你别人的答案。

一位做法官的朋友对我说，坏人眼里坏人多，好人眼里好人多。他问过许多恶贯满盈的罪犯，你碰到的好人多吗？他们的回答都一样：坏人多。有一个拐卖儿童的犯人，说得最绝：这世上就没有好人。但这位朋友也问过大家眼中的好人，那些人的回答很明确：天下还是好人多。我接触的成功企业家比较多，他们几乎都有这样的感受：我只有贵人，没有仇人。只要存好心做好人，人生处处有贵人。

你的心灵就是一面镜子，你在照别人时，也照出了自己。你不想遇到坏人，首先就要做个好人。你想处处遇见贵人？那么，你先要做一个好人。

你也许做过好人，可你受到了伤害。但是，那些经历对你致命的伤害，不是你失去了钱财，失去了朋友，而是你失去了对善的信任。孩子，你可以不相信一切，但不要怀疑善良。对人来说，善是一种天性。100 个人中，有 99 个人看到受伤的小动物，都会产生怜悯之心，只有 1 个人会残忍地弄瞎小猫的眼睛。但这种恶不是常态，只是一种病态。有这种病的人，其实也很可怜。

善有善报，恶有恶报，许多人都认为这是一个宗教的理念。但是我今天告诉你，它也是一个科学的解释：一个仁慈的人，心地仁厚，常做好事，不做坏事，始终保持良好的心理状态，这样就会促进人体分泌出有利激素、酶类和乙酰胆碱等，使神经的兴奋调节到最佳状态，从而增强机体的抗病能力，促进健康长寿。长此下去，最终会形成一种能量，改善遗传基因，从根本上造福后代。而一个心地不良、行为卑鄙的人，会使自己的心理一直处在阴暗、紧张、恐惧的不良状态，这样就会引起神经中枢、内分泌系统的功能失调，干扰各种器官、组织的正常生理代谢，削弱免疫系统的防御能力。久而久之，不仅会严重损害身心健康，还会形成一种强大的破坏力量，影响遗传基因，危害子孙后代。

一位叫马丁斯的医生，带领一个小组做了十几年的研究，他们跟踪了583名被指控犯了罪的人，发现有60%的人生病，其中癌症占53%，心脏类疾病占17%，脑梗死、脑溢血等其他疾病占30%，有5/6的人不得善终。同时他们还跟踪了583名声誉良好的人，这些人中只有16%的人生病，且无死亡记录。调查结果显示，那些有污点的人，长期精神紧张，心理失衡，生活失律，神经功能、新陈代谢、内分泌等紊乱，是他们得病的主要原因。所以，孩子，不要问这世界有没有天堂和地狱，人心即天堂，人心即地狱。做一个善良的人，你用不着委屈，眼光放得远一点，做一个仁慈的人，你一定会看到，恶人越来越远，贵人无处不在。如果你眼光再高一点，就会恍然大悟，敌人原来也是贵人，因为敌人最能激发你的斗志，敌人最能磨炼你的意志。所以你该知道，**小成靠朋友，大成靠敌人**。领悟到了这一层，那你就到了"一旦开佛眼，处处有良缘"的境界。

亲爱的孩子，一个人学问有多高，取决于他的才能，一个人事业有多大，取决于他的为人。智力不济最多出个残次品，而品行不好那一定会成为危险品。所以，成才不成人，那将是个人的内伤、社会的灾难。回头看看卢刚的悲剧，卢刚们是成才了，可成人了吗？没有。因为他们少了最重要的东西。所以我在这里把自己的一首小诗《少不了》送给你们：

树高千丈，少不了一个根。

才高八斗，少不了一个人。

人活百年，少不了一颗心。

齐家治国，少不了正心修身。

🍀 读者来信（六）

一个不听话的男孩：男儿有泪不轻弹，可你的 CD 让我泣不成声

我急于长大，却不知自己仍是如此幼稚。能在步入成人世界之前听到你的这番话，我相信自己是幸运的。

杨老师：

男儿有泪不轻弹，可你的 CD 让我泣不成声。

17 岁生日那天，表姐送给我一盒你的 CD，很漂亮的礼物。表姐轻轻地把它放在我的左手上说："生日快乐，大一岁了，要懂事一点。"表

姐似乎还有话要说，却欲言又止，只是看着我的左臂，叹息。晚上，我一个人在房间里面静静地听着这盒 CD，听着听着，我流泪了，流下了许久不曾有过的、愧疚的泪……

你说得对，我花了很多时间去了解同学、了解偶像、了解朋友、了解我喜欢的女孩，但是，我却没有花时间去了解自己的爸妈。我总以为，妈妈是更年期到了，总对我发火，总是反对我出去跟朋友玩，总是反对我去网吧。如你所说，妈妈成了我最熟悉的陌生人。可妈妈越是反对、越是阻止，我就越想逃脱，很多个晚上，我干脆就在网吧通宵玩游戏，打怪升级。我觉得那是我最逍遥、最快乐的日子。我从没想过爸妈会怎样，也从没考虑过他们的感受。

原来，在那段时间，妈妈没有一个晚上是可

以睡个安稳觉的，窗外有任何一点声响，她立即惊醒。多少个日夜，当我在外面玩得疯狂、彻夜不归的时候，是妈妈独自一人拖着疲惫的双腿在漫漫黑夜一步一步地寻找我。她一个从内心讨厌网吧的人，却频繁进出街道的那几间网吧，问网吧老板有没见过我。并且，在那一长段日子里，妈妈总是哭。找不到人倾诉的时候，总是打电话给在外地工作的表姐，说自己没有当好一个母亲，没有把我教导好，对不起辛苦工作的爸爸，心里很愧疚。很多次，她找不到我的时候，心里很担心，可她一个家庭主妇，又不懂电脑，就让表姐在网上帮她找我。

现在我知道了，妈妈反对我去网吧是有道理的。因为在我们这个地方，网吧是个是非之地。妈妈害怕我出事，可她担心的事情还是发生了。

那是一场我不愿提及的噩梦，我的左臂就是在那时受的伤，支撑手臂的钢钉至今还在我的体内。那一天，妈妈听到我受伤的消息，整个人都软了，根本站不起来。是啊，伤在我的身，痛在我的身，可也痛在了妈妈的心，因为就像妈妈常说的，好歹我是她身上掉下的一块肉……

而这一切，我都不曾知晓，只是后来从表姐的QQ空间看到了那些文字，那些写给一个不听话的孩子的文字，我才知道，妈妈是那样苦，她为我操碎了心，而我却那样地折磨她。表姐说："你是个男孩，你永远不会知道母亲怀胎十月的辛苦。她真的是一个好母亲，不要再让你的母亲受伤了好吗？她是那么爱你……别让你的母亲再哭泣了好吗？我不愿再听到你母亲在电话中哭泣……"

　　听完了CD中的9个密码，你的话回荡在我的耳边："父母最苦的，是得不到孩子的理解，敲不开儿女的心门。""别人对你耐心，那是因为别人可以冷静，父母对你发火，因为他们心情急迫。"……我想了很多很多，我对不起家人，一次一次做错事，家人不但没怪过我，还一直帮助我、鼓励我。想想受伤在家休养的那段时间，妈妈听说有一种药草跟猪脚炖汤能够让我好得更快，于是，她每天一大早就起床到市场去，生怕晚了就买不到。有时候我们小区附近的市场没有卖的，妈妈还骑车到另外一个市场去买。有一次，妈妈在赶回来的路上，因为太急了还从电动车上摔了下来，把膝盖都给磕伤了。我的心中充满了内疚。

　　打开房门，看到在厨房里忙碌的妈妈的背

影，我的心很痛。不知从什么时候起，妈妈原来乌黑的头发上多了几根银丝。在一旁帮忙的爸爸，身形也明显小了许多，不知是我长高了，还是爸爸老了。那一刻，我不知哪来的勇气，对妈妈说了一句："妈妈，对不起！妈妈，我爱你！"妈妈停下手中的活儿，抱着我，哭了……

其实，我知道，是表姐送我的那盒CD给了我勇气。我感谢表姐，也感谢你，素昧平生的老师，谢谢你那个魔力词汇——"示爱"。真的，我急于长大，却不知自己仍是如此幼稚。能在进入成人世界之前听到你的这番话，我相信自己是幸运的，谢谢你！

一个不听话的男孩　小强

07

你 为 什 么 宽 恕

他打你，你打他；他骂你，你骂他。不懂得宽恕的密码，那是一条供人取乐的小狗。

亲爱的孩子，你们这一代，好多的家庭都是"非常六加一"，爷爷奶奶、外公外婆、爸爸妈妈，加上你，你可谓"集万千宠爱于一身"。所有的大人都有这样的爱心：宁肯自己千难万难，别让孩子受了委屈。孩子偶尔在外面受了委屈，有些爹妈还心疼地给孩子支着儿：他打你，你不会打他？

孩子，我希望你记住另外一个词，"以德报怨"。当别人对你好的时候，你要用恩惠报答别人；当别人对你不好的时候，你不仅不记仇，反而给以他好处，拿恩惠来报答仇恨。因为，仇恨永远不能化解仇恨，只有宽容才能化解仇恨。不懂得宽容和忍耐，你只能永远活在儿童世界里。他打你，你打他；你骂你，你骂他；打不过，就哭泣；骂不过，就生气。你的情绪完全取决于他人的行动。也别说孩子，有些大人，已经年过半百，也还是这般小孩子脾气。

这本质上是什么？是你把自己情绪的遥控器放到了别人手里。别人按生气，你就生气；别人按打人，你就打人。这是不是任由别人折磨你？想伤害你，只要稍微挑逗一下你敏感的神经就成了。孩子，你想一下，你有没有成为皮影戏里的那些"皮影小人"，被人家的一根线操纵着？

在我也是个孩子的时候，邻居家养了一条狼狗，好凶啊，大人都被它咬了，小孩子更是闻风丧胆。白天那家人上班了，狗就锁在院子里，只要有人经过，它就狂叫。开始的时候，孩子都不敢从他家门前走，可时间长了，我们发现了，就算叫得再凶，锁在院子里的狗是咬不到人的，后来，那条狗竟然成了大家取乐的玩具。有事没事，孩子们跑到他家门上踢一脚，就像按个开关一样，咣！然后狗就在里面狂叫，你一脚，我一脚，那条狗最后硬是发了狂，喉咙都叫出血来了，不久就莫名其妙地死了。现在想一想，有些内疚，因为那只狗是被活活气死了。所以，我的孩子，以后，当你被激怒的时候，希望你能想起这个故事，问问自己，干吗要做一条让人取乐的狗？有人气我我生气，这是兽性；有人气我我忍气，这是人性；有人气我我不气，这是佛性。要成为享受乐趣的超级玩家，你需要有一颗宁静的、不被喧闹扰乱的心。

可是，在生活中、工作中，很多人心中还是难忍半点委屈。而问题就出在了这个不受委屈上。在家里，所有的人都让着你，一旦你进入了社会，大家都是心肝宝贝，谁受谁的气啊？于是，一些从小就不知何为忍耐的孩子受不了了——脾气特别大，如果谁侵犯了他，绝不会忍耐，一定以牙还牙。占了上风，还罢了，占不了上风，就耿耿于怀。开始可能只是不满，可这不满积累起来，就变成了仇恨。

2006 年 6 月 30 日，河南省新郑市首屈一指的亿万富豪魏连成被杀死在家中，其背部、胸部被连刺数刀，可见凶手极其残忍！警方介入调查，发现凶手竟然是魏连成的外甥王会明。但是周围的人都知道，魏连成一直仗义疏财，对生活贫困的妻姐一家呵护有加，不仅借钱给王会明家开店，当王会明做生意亏本后，又帮他还了 20 万元的欠款，后来还让王会明进自己的公司工作。多年来，妻姐及外甥王会明也一直对魏连成感恩戴德，把他奉为全家的恩人。既然如此，王会明为什么要对姨父这个大恩人狠下毒手呢？

原来，魏连成在帮王会明还 20 万元欠款的时候，对这个不争气的孩子非常恼火，曾经打了王会明一个耳光，王会明没记住那 20 万元的帮助，只记住了一耳光的屈辱。后来，王会明交女朋友的时候，魏连成发表了不同的意见，王会明心生仇恨。于是，在激愤之下，王会明最终将"屠刀"挥向了自己的恩人……

亲爱的孩子，即使有人真的伤害了你，你又该怎样呢？有人说，君子报仇，十年不晚。但我要告诉你，小人记仇不记恩，君子记恩不记仇。

一名法官，曾经判了一个罪犯的死刑。但是这个罪犯在监狱中积极改造，向善做人，从各种迹象来看，他已是个好人，于是，法官四处去替他求情，希望他能得到特赦，免于死刑，可是没有成功。对此，法官痛悔不已。后来，法官收养了那名罪犯刚出生的儿子，将他抚养成人，让他受很好的教育，后来这个孩子考上了大学。一天，法官跟儿子到海边散步，在悬崖上休息的时候，法官告诉了儿子一切，那个时候，年轻的儿子只要轻轻一推，年迈的法官父亲就会跌落悬崖粉身碎骨。可是，儿子只是蹲下去，轻轻地对法官说："爸爸，天快黑了，我们回去吧！妈妈在等我们。"

后来，儿子说了一段话，让许多人都为之动容，他说："我以我的爸爸为荣，他对判人死刑一直感到良心不安，但他已尽了他的责任，将我养大成人，甚至对我可能结束他的生命都有了准备。而我呢？我觉得我又高、又强壮，我已长大了。只有成熟的人，才会宽恕别人，才能享受到宽恕以后而来的平静，小孩子是不会懂这些的。"

"只有成熟的人，才会宽恕别人，才能享受到宽恕以后而来的平静，小孩子是不会懂这些的。"说得多好啊。还记得我们讲过的，中国留学生卢刚在美国爱荷华大学枪杀了他的同学和老师吗？六死一伤，其中最无辜的就是安妮副校长，这是一个对中国留学生特别关爱的师长。惨案发生后，很多的中国留学生觉得羞愧不安，不知道当地人会不会这样看待他们：凭什么拿我们的奖学金读书，还要杀害我们的教授？

安妮的三个兄弟得知安妮遇难的消息后非常悲痛，抱在一起痛哭一场，但祈祷过后，他们流着泪给卢刚的家人写了一封信。安妮的兄弟是这样写的：

我们刚刚经历了这突如其来的巨大悲痛……现在世界上最伤心、最痛苦的两家人就是你们家和我们家。在我们伤痛缅怀安妮的时候，我们的思绪和祈祷一起飞向你们——卢刚的家人，因为你们也在经历同样的震惊与哀哭……安妮信仰爱与宽恕，我们想要对你们说，在这艰难的时刻，我们的祷告和爱与你们同在……

三兄弟担心因为卢刚是凶手而使其家人受歧视，也担心卢刚的父母在接过儿子的骨灰时会过度悲伤。所以请求将这封信译成中文，附在卢刚的骨灰盒上。唯愿这信能安慰他们的心，愿爱抚平他们心中的伤痛。

这封信安慰和感动了很多中国留学生的心，他们说，留学两年，都抵不上这一课，是安妮的兄弟让他们领悟了什么是教育、什么是仁慈！后来，爱荷华大学设立了一项以安妮的名字命名的奖学金，前三名获奖者都是来自中国的留学生。

宽容是比仇恨更好的教育，原谅是比施舍更高的仁慈。安妮的兄弟们连这么难以原谅的事都能原谅，你的同学得罪了你，你的爸妈伤了你的心，你还会说"我不能原谅吗"？你还会说"我做不到吗"？

孩子，在生活中、工作中，我们难免受到伤害，偶尔也会一想起来某个人，就让我们痛恨不已。但是，如果让一颗心装满了仇恨，人生乐趣将被痛苦消耗殆尽。你听说过"仇恨袋"吗？在古希腊神话中，有一位大力神名叫赫拉克勒斯。有一天，赫拉克勒斯走在坎坷不平的山路上，发现路中间有个类似袋子的东西，觉得十分碍脚，于是便朝它踢了一脚。谁知那东西不但没有被踢开，反而膨胀起来。赫拉克勒斯心里很不爽，又狠狠踩了一脚想把它踩破，没料到，那东西不但没踩破，反而又膨胀了许多。赫拉克勒斯恼羞成怒，操起一根粗木棒狠砸过去，结果那东西竟然加倍地膨胀，最后大到把路给堵死了。孩子，这个东西就是"仇恨袋"，你不犯它，它便小如当初，你若惦记它侵犯它，它就会膨胀起来，挡住你的去路，与你敌对到底。

亲爱的孩子，你的身边是不是也有一个叫作"仇恨袋"的东西？其实，从心理学角度讲，仇恨是破坏性极强的一种负面情绪。思维中一旦有了仇恨，就会使人丧失理性思维，而情绪化的仇恨行动会严重破坏人与人的和谐关系，是最黑暗、最邪恶的一种情感。人的心中一旦充满了仇恨，就再也装不下别的东西了。在这种状态下，人最容易失去理智，在仇恨的指引下做出后悔莫及，甚至葬送自己前程的事情。相反，你原谅、宽恕，虽未必风平浪静，但一定海阔天空。宽恕他人就是赦免自己。这是大仁慈，也是大智慧。

1990 年，一个满头华发的南非老人出狱了，并在 1991 年当选为南非总统。这个老人就是曼德拉。作为南非的民族斗士，曼德拉因反对白人种族的隔离政策而入狱，白人统治者把他关在荒凉的罗本岛上。在监狱中，曼德拉受到了非人的待遇，尽管当时他年事已高，但是，看管他的 3 个白人狱卒依然寻找各种理由对他进行残酷的虐待和人身侮辱。

后来，曼德拉被推选为南非总统。一般人以为，曼德拉会报复那 3 个白人。可是，就在总统就职典礼上，曼德拉的一个举动让全世界都震惊了。他说，自己非常荣幸能接待来自世界各国的尊贵客人，但最让他高兴的是，当初在监狱看守他的 3 名狱方人员也能到场。于是，在一一介绍之后，年迈的曼德拉缓缓站起身来，恭敬地向这3位白人鞠躬致礼。那一刻，所有在场的来宾，以及在电视机前看实况转播的全世界观众，都肃然起敬。

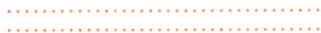

孩子，你或许已经明白，是什么消融了仇恨的坚冰，又是什么能够化干戈为玉帛。是的，是原谅，是宽容，这是曼德拉用实际行动告诉我们的。听听这位南非老人是怎么说的吧："当我走出囚室，迈出通往自由的大门时，我就已经清楚，若不能把悲痛与怨恨留在身后，那么，我其实依然在狱中。"

"若不能把悲痛与怨恨留在身后，我其实依然在狱中。"说得太好了！为什么曼德拉成为诺贝尔和平奖得主？为什么联合国大会决定将曼德拉的生日7月18

日定为"曼德拉国际日"？为什么前联合国秘书长潘基文评价"曼德拉是世界公民的一个楷模"？我们在这里都找到了答案。

　　宽恕是最高的仁慈，宽恕也是最高的智慧。多少人不肯宽恕别人，也不肯原谅自己；不肯与生活和解，也不肯与自己和解。在痛恨中生活着，受伤的那个人只能是你自己。亲爱的孩子，和解吧，别苛求他人，也别为难自己了。人生如棋局。对于生活之棋、事业之局，孩子，不妨记下日本围棋泰斗大竹英雄的这一句话：当你由勇于胜到精于和的时候，你的棋艺就到了炉火纯青的境界。

小鱼：这不仅是送给孩子的书，更是写给父母的

我不知道女儿会不会原谅我，也不知道这份特别的礼物能不能让她感受到我的内疚与牵挂，我只知道，如果她已经对母亲的唠叨失去信心，如果我一定要为即将进入成人世界的女儿做点什么，那么这就是我唯一能做的事了。

杨老师：

你的 CD 是讲给孩子听的，然而我却不是一个孩子。

作为一名高中老师，我在过去的 22 年里把

492 个孩子送进了大学的校门，最近正在带的班上，还有 67 个孩子即将在我的陪伴下进入高三。虽然我不年轻了，可他们还是习惯叫我"小鱼老师"。事实上，打我刚刚从师范学院毕业的那一年起，"我的孩子们"就一直这样叫着。即使毕业很多年，每当他们带着人生的另一半，甚至带着他们的孩子回学校看我，他们也仍然会像当初那样，用"小鱼老师"来称呼我。

长长的 22 年，只有一个孩子例外，那就是世界上唯一把我叫作"母亲"的孩子——我的女儿。在她的眼里，我并不是大家眼中那个永远微笑、可亲可信的"小鱼老师"，我只是一个唠叨的、不可理喻的女人，一个并不称职的妈妈。

你说，你也有一个女儿。我很好奇，你和你的女儿是怎样交往的，作为一个睿智的人生导师，当你面对你的女儿——这个世界上你最爱的人时，你究竟是一个怎样的父亲呢？你又是怎样去把握身为父亲的担忧与急迫的呢？当你的人生需要负担400多个孩子的未来，你是不是也会和我一样，忽略了这个世界上你其实最爱的那个孩子，只能在为人父母的考卷上得到一个不及格的分数？

人的精力是有限的，女儿最需要我的时候，我总在加班、补课，我对每一个孩子都有耐心，却对自己的女儿既严厉又苛刻。作为全市升学率最高的班级的老师，我的学生几乎都考上了重点大学，而我的女儿，却只上了最普通的大专，连想当军医的梦想都破灭了。我的学生信任我，毕业了、工作了，交了男朋友、女朋友，都会打长途电话告诉我，有心里话还是会和我说，可我的女儿即使过暑假也不回家，今年读大二了，只有生活费不够用的时候才给我打个电话，我永远都不知道她在想什么。你说，"驾驶汽车，需要考证。当律师需要考证，但是，教育子女是天大的事，你看到哪个父母考过证。他们也是个孩子啊，自己甚至还来不及成熟，就仓促地登上了父母的驾驶舱。更何况，他得到的是一辆智能的、会发火、会无缘无故就抛锚的车"，听到这段话，我忍不住哭了。

是的，就像你说的，我一辈子都在学习做一个受学生爱戴的好老师，经过无数次考试，从实习老师一级一级升为"特级教师"，却从没有时间去学习，如何做一个好妈妈。孩子长大了，我才注意到，她已经听不进去我说的话，我欠女儿的那些课，永远也不可能弥补了。

一位学生家长把你的这套《进入成人世界的 9 个密码》CD 送给了我。听完几遍之后，我请了一天假，认认真真地给女儿写了一封信。写了删，删了写，最后，我还是决定只把这套 CD 送给她，在光盘的包装里，我夹了一张字条，只写了一句话："很对不起，作为母亲我没有好好地陪伴你长大，但这里有我想对你说的每一句话，希望这张光盘能够代替我告诉你：女儿，我爱你。"

　　我不知道女儿会不会原谅我，也不知道这份特别的礼物能不能让她感受到我的内疚与牵挂，我只知道，如果她已经对我的唠叨失去信心，如果我一定要为即将进入成人世界的女儿做点什么，那么这就是我唯一能做的事了。

　　杨老师，衷心谢谢你为孩子们所做的这一

切。我不得不说，这不只是一本给孩子的书，更是写给父母的。如果我能同时以一个老师和一个母亲的身份提一个要求，希望你能再出一套CD，和孩子们谈谈他们未来将要遇到的更复杂的话题，比如爱情与友情、竞争与合作，再比如职业生涯与婚姻的选择……帮助他们，在未来的人生路上多一些精彩，少一些曲折。当然，需要帮助的不只是孩子，我也希望你能为像我一样并不算成功的父母写一本书，讲讲怎样与子女沟通，讲讲如何获得孩子的信任与尊敬，讲讲身为父母必须理清的困惑，就像你说的，我们也是孩子，对吗？

小鱼（湖北）

08

投 资 你 的 读 书 单

投资项目数不胜数，读书绝对是你对自己最有价值的投资。你可以成为人生的"股神"，前提是你必须拥有一张"巴菲特"级别的读书单。

中国是一个书香之国。书是先人留给我们的精神财富。但是这些年，我们的物质财富的增加很可观，精神财富的增加却少得可怜。以色列每年人均读书 64 本，俄罗斯每年人均读书 55 本，美国每年人均读书 50 本，而我国呢，每人每年读书不足 5 本。可以说，整个民族严重缺乏"精神营养"。这不禁令人担忧，这样的民族怎么能站得直、走得久啊？！

亲爱的孩子，"为中华之崛起而读书"不应该只是一个口号。一个国家由富足到强健，是离不开读书的。金钱带来的是物欲满足，知识带来的则是灵魂升华。所以，我说，身体健康需"补钙"，精神健康需"补书"。一个民族的精神发育，关键就在学习；一个社会的素养提升，起点就在读书。孩子，世界上有很多的财富，但大部分财富不可能永远拥有，能够永远拥有的是精神财富，而书就是一个精神财富的载体。伟大的先人给我们留下的那些宝贵财富，那些经由他们的经验、他们的实践而写成的书籍，在为我们的心灵提供精神营养的同时，也为我们的人生指明了正确的方向。孩子，人在身体上会有食欲，在精神上也会有食欲。可很多人经常只会使自己的身体酒足饭饱，却让自己的心灵忍饥挨饿，他们的理由就是——没有时间。这实在令人感到痛心。

孩子，如果你有机会在世界各地坐地铁，你就会看到差距。在纽约的地铁里，10个人中有7个人在读书看报；在伦敦的地铁里，10个人中有8个人在读书看报；在东京的地铁里，10个人中有9个人在读书看报；而在中国地铁里，10个人中往往有5个人在看视频、发微信，3个人在聊天，2个人不知所然。看看这些，你是不是有点失望？但是，如果你看得再仔细一点，你就能看到希望。

汶川特大地震发生后，什邡的一位女孩子被埋在废墟下，十余小时之后，她被武警抢险官兵救了出来。孩子很感动，官兵更感动：这个女孩被救出时，还在废墟里面打着手电筒看书。她叫清清。她的行为令人感动。

上海的一位小学生写信给清清道："此情此景让学习缺乏刻苦钻研精神的我深感惭愧。在窗明几净的教室里，我没有聚精会神地聆听老师精彩的讲课；在满目疮痍的瓦砾堆里，你却在死亡的阴影下用虚弱的双手捧起书卷。"一家出版社专门为此制作了名为"读书女孩"的雕塑。你看到了吗？在中国地铁里没有看到的东西，在废墟里看到了，这不仅是一个孩子求知若渴的精神，更是一个民族重振雄风的希望。而我希望你，就在这个行列之中。

这些年中国人开始富起来，但是许多人富而不贵。于是，他们开始想办法提升自己的品位，打高尔夫，收藏古董，品鉴红酒、洋酒。一位喜欢洋酒的企业家同我讲，他喜欢喝"路易十三"，那是一种让人感觉无比丰富的酒。在一瓶酒里，你可以品到核桃、荔枝等果香，还可以嗅到鸢尾花、紫罗兰、水仙、玫瑰、茉莉、树脂的清香。更美妙的是，余味是一般白兰地的 4 倍，萦绕长达一小时以上。

　　亲爱的孩子，我现在告诉你，还有比"路易十三"更神的东西，那就是好书。在好书里，你可以品到苏格拉底、亚里士多德，还可以听到老子、庄子、释迦牟尼。比好酒更美妙的是，回味可以是一年，甚至可以是一生。**富是物质的，贵是精神的。**亲爱的孩子，如果你想拥有什么嗜好，那么记住我告诉你的：好酒不如好书，当好酒遇到好书，酒就变成了寻常的水，书就变成了上品的酒。

有人问了，读书有品位，读书有效用吗？我们先不下结论。我想从投资学的角度来跟你说说读书。

作为一个来自成人世界的企业家教练，我看到许多企业家在做各式各样的投资，有成功的，也有失败的；而我自己也指导过许许多多的投资，同样有成功的，也失败的。所以，我非常清楚，世界上的投资千万种，只有两种回报最高，一种是情感的回报，滴水之恩，涌泉相报；一种是读书的回报。投资一个工厂，年均回报 20% 那就是捷报；投资一个商场，年均回报 30% 那就是大赚；投资到股市，年均回报 100% 的那就是股神；投资到读书，每年回报 500% 都不稀奇。天下就有这样的好事，哲学家几千年的探索，旅行家几万里的经历，企业家几十亿元的经验，你只需花几天时间，花上几十元钱，就可以为己所用。

孩子，你知道洛克菲勒吗？没错，就是美国的"石油大王"。洛克菲勒是美国一个白手起家的实业家，通过自己的努力，一步一步建立起一个庞大的石油帝国。人家说"富不过三代"，但是，洛克菲勒家族企业已经传到了第六代。孩子，或许你已经猜到了这里面最主要的原因，不错，是善于投资。可是，洛克菲勒不仅仅投资在石油上，还在读书上。尤其在进入商界以后，洛克菲勒切实感受到了读书的重要性。他告诉儿子，磨炼经营手腕的捷径就是读书。

有一天，洛克菲勒看到儿子正在书房里埋头苦读，于是，他轻轻地走了进去，在儿子对面坐了下来，跟儿子交流起来。洛克菲勒语重心长地对儿子说："孩子，要从别人的错误中去学习，你自己可没有时间去经历所有的错失。在某种意义上，就书本而言也是如此。如果你能依此学习他人的经验，发挥其有利的一面，在处理各种各样的事态上，最好阅读一下先行者们留下来的宝典奇文。这样每月读一本书，就向正确的人生方向迈进了一步。"作为商界的成功人士，洛克菲勒不仅给儿子指明了一条智慧的人生路，还给儿子指出一条继任石油帝国的商业之路。洛克菲勒告诉他的儿子："有关事业经营，其想法及决定的大部分总是不断重复，大多已记述在各类书籍之中。如果你花一定的时间与耐力进行阅读，跟从不读书的同辈人比起来就会站在相当有利的起点上。"在儿子进入商界之前，洛克菲勒就给了他极大的精神指导，为他推荐了大量的好书，关于人生、关于事业、关于商业……让小洛克菲勒受益无穷。孩子，你发现了没有，洛克菲勒家族为什么到了第六代依然能够富享天下？这就是书香门第啊！

孩子，许多人一生都在做"井底之蛙"。他们只生活在一个小小的、封闭的环境里面，对外面的世界缺少实际考察的机会，缺少通过阅读了解和学习知识的机会。孩子，在无知中死去，是可怜的，更是可悲的。你要问，获得知识的捷径是什么？我告诉你，无须四处求拜，书中自有神灵。

有些孩子说，人人知道读书好，可我读书的回报并不高。原因在哪里？我现在告诉你，那是你读书的境界还不到。读书有四重境界，每种境界都有不同的回报。

一重境界是无意得之。这类人把书当成一种休闲的零食，或者"好读书，不求甚解"地泛泛而读。这样读书，回报率在10%左右。

二重境界是有意求之。这类人把书当成一种修养，从中寻求科学，寻求真理。读天下好书，养人间正气。这样读书，回报率不少于100%。

三重境界是为我所用。这种人把书当成人生工具，读天下好书，解人间难题。这样读书，回报率不少于500%。

四重境界叫普惠众生。这种人把知识当成传承的火种。读书的目的，不仅是为了解决自己的问题，还是为了解决众人的问题。就像普罗米修斯，舍身盗取火种给人类造福。这样读书，将独乐乐变成众乐乐，回报率在 1000% 以上。这一点，我深有体会。

我在中央人民广播电台开设"思卓书坊"栏目，每月解读两本书。现在已经有了三种回报：第一，读书有益，有了一般读书人的收获，这个回报算作100%；第二，读书有用，这个回报算作500%；第三，读书有道，启迪他人的智慧，传给一个人，增加效能一倍，传给一万个人，就是一万倍的回报。可见善莫大焉。

可能你的老师、你的父母都会告诉你，书读得越多越好，只要多读书，就是好事情。但是孩子，"补书"是一门科学，就像你吃补药一样，一定不能乱补。气虚补人参，血虚补阿胶，阳虚补鹿茸，阴虚补银耳，如果补反了，没病都补出病来了。所以从古代起，我们的先贤就积累了丰富的经验，比如说读"四书"，要先读《大学》定格局，次读《论语》定根本，再读《孟子》开眼界，后读《中庸》求微妙。

从投资学的角度看，有些书读了增值大，有些书读了增值小，有些书读了不增值，有些书读了要破产。一位很爱学习的企业家，企业也做得相当有名气，在读了一本管理名著后，引进所谓的卓越管理模式，结果企业渐行渐偏。后来一反思，恍然大悟：读错了一本书，多走了十年弯路。所以，孩子你要明白，读书有风险，投资需谨慎。

那么，读书要注意什么问题呢？我给你6个建议：

一不要读傻。读书能启人智慧，这话不假。但是，读傻的人也比比皆是。你看，他们傻到什么程度？博览群书且尽信群书！只要书中所说就统统吸收，还毫不失真地应用到生活中去，可是用了之后又郁闷，发现根本行不通。孩子，食古不能化，滥学更可怕。

二不要读懒。与读傻的人不同，读懒的人不是食古不化，而是不动。跳进书里，沉浸其中，只有空想，没有执行。美其名曰："万般皆下品，唯有读书高。"行而不思，思而不行，都是不够的。切记：悟空固然好，行者价更高。

三不要读偏。你喜欢读文学和历史，这没错，但只读这两类书，会"偏食"，我建议你调整自己的"进食单"，加一些养性、励志、致用的书籍，五谷杂粮，不妨多吃。孩子请记住：读书如进食，营养须均衡。

四不要读伤。有些人读书进得去出不来，就好比幽灵附身，将书中人物的情绪变成了自己的情绪。读《红楼》，黛玉附身，伤春惜花；读《三国》，瑟瑟秋风，从此心灰意冷。读书，要走进去，也要跳出来。亲爱的孩子，你应当学会：品读识百味，饮酒不沉醉。

五不要读坏。读书读伤了，是害了自己，若读坏了，可是要害人害社会的。当年，希特勒狂读尼采，诞生了法西斯的极权主义。于是，"上帝死了，尼采疯了，希特勒来了"，欧洲倒了，世界乱了。所以啊，读书还应该：读天下好书，养人间正气。

六不要读滥：人的生命有限，你一天读两本书，活到 80 岁，可以读 58400 本，这已经是上限了。而人类的著作从古至今已经有无数本，可以说，穷你一生的时间都读不完其中的万分之一。我们说读书不要读坏，但即使是好书，也不能什么书都读，你必须珍惜自己的时间，读对你最有价值的书。

总而言之，**读书不能傻，慎思之；读书不能懒，笃行之；读书不能偏，博学之；读书不能伤，明辨之；读书不能坏，审问之；读书不能滥，慎择之**。所以，这需要你为自己开一张有智慧的读书单。这个读书单上，要包括五类书，一是自然科学的书，你能学会人如何与自然对话；二是社会科学的书，你能学会人如何与人对话；三是文学艺术类的书，你能学会人如何与美对话；四是哲学的书，你能学会人如何与自己对话；五是宗教的书，你要学会人如何与神对话。这五类书如果能读懂读通，你的人生定会"五谷丰登"。

杭州小方：让好书引领人生的光明航程

拿到《进入成人世界的9个密码》CD时，我就被封面那只稚嫩的小手将要承接成人智慧的瞬间吸引了。

杨老师：

我记得有一位哲人说过，"一个人所读的书和他结识的人，将决定一个人的生命航程"。我也一直相信，一本有价值的好书通常能经得起时间的检验，而且能指引人们走向成功。非常感谢"思卓书坊"给我们推荐了那么多有价值的好书。非常幸运，虽然远隔千山万水，也能够在电波的这头聆听老师的教诲。

杨老师，你知道吗？拿到《进入成人世界的9个密码》CD时，我就被封面那只稚嫩的小手将要承接成人智慧的瞬间吸引了。然后，全家老少聚集在一起，共同聆听老师的经典。你往往能说出我们常人可意会不可言传的感悟，听了十余遍，仍然感觉到一个字——爽。其中，"投资你的读书单"片段引起了我的共鸣。

二十余年前，刚从学校毕业的五位同学一起分到了位于浙江西南部一个小镇的某家公司，打发业余时间有各自不同的"投资项目"。他们中间有的人选择看电视剧，有的人选择喝酒广交朋友，有的人选择打扑克，有的人选择打电子游戏，也有人选择读书，尤其是时政类和励志类读物。二十余年转眼过去了，选择前面四个"投资项目"的人依然在原来的那家公司，如今那家公司已濒临破产，而将业余时间选择在读书上的那位同学，先后在上市公司担任总经理秘书、乡镇干部、机关中层干部，如今在杭州市级机关工作，他的作品先后发表在当地县级报刊、市级报刊、专业报刊，甚至《人民日报》海外版上。幸运的是，选择投资读书的那位同学就是我。

几年前开同学会时，老同学不禁感言道："二十余年前我们站在同一条起跑线上，如今我们的人生航程却各不相同。如果时光可以倒流，我们也会选择读书的。"于是，我把你的读书忠告转给了老同学：人人都知道读书好，做有良知、有品位的人，这需要你为自己开一张有智慧的读书单。"读书有益，读书有用，读书有道"，现在开始也不晚，你的人生航程或许从此由灰暗转向光明。

最后，希望老师有机会到杭州来玩！杭州不仅风景秀丽，还是个书香城市哦！

小方（杭州）

09

完 美 等 于 完 蛋

拿到《进入成人世界的 9 个密码》CD 时，我就被封面那只稚嫩的小手将要承接成人智慧的瞬间吸引了。

我曾经是一个苛求完美的人，苛求自己，苛求别人，还认为那是一种美德。直到 40 岁的那一年，我才有了改变。那一年我到了法国的罗浮宫，看到一尊雕像，那是美神维纳斯的雕像。看着断臂的维纳斯，我有点遗憾。问导游，可不可以有一个恢复断臂的方案？导游告诉我，曾经有好多个方案，为雕像恢复原貌，最后发现，没有哪个完整的方案比残缺的更美。

没有一个完整的比残缺的更美？我思索再三，终于茅塞顿开，原来这个世界的游戏规则设计者，根本就没有设计"完美"。如果你皮肤好，就让你身材不够高；你身材够高，就让你三围不达标；你三围达标，就让你鼻子不够翘；你鼻子够翘，就让你的性格太刁；你性格很和善，就让你嫁得很糟糕；你嫁得很如意，就让你孩子不咋着……哎呀，当你感到自己没有一点缺憾的时候，缺憾就来了。我们是人，不是神。每个生命都有缺憾。追求完美，可能是一种美德。但你以为你可以追到完美，那可不是一种智慧。我真庆幸生命中的启示，四十不惑的含义，就是不再被完美迷惑。

不知道你是否记得，2004 年 8 月 28 日是个什么日子？那一天，在雅典奥运会上，刘翔在男子 110 米栏决赛中以 12 秒 91 获得金牌，从跑道上下来，他就说："太完美了！太完美了！"当记者问刘翔："你今天以 12 秒 91 的成绩，平了世界纪录，但如果再快百分之一秒就能创造新的世界纪录了，你对此是否感到遗憾？"

刘翔毫不犹豫地回答说："不遗憾！"他师傅孙海平高喊："刘翔的表现太完美了，是我当教练的骄傲。"那一刻，我就有一种可怕的预感，我对女儿说："这孩子要有麻烦了。"记得她当时十分不解。

4年以后，麻烦真的来了，而且还是个大麻烦。2008年8月18日，北京奥运会，刘翔在万众瞩目下，脚伤发作，没有比赛就无奈地退出赛场。飞人折翅，让我们在奥运会上的最大期待瞬间变成了最大遗憾。教练孙海平抱头痛哭，我的女儿也流着眼泪，问我为什么。我知道为什么：今天志得意满，日后必有遗憾。刘翔他还是个孩子，而且是一个好孩子，但是没有人告诉他，成功以后，该怎么说，该怎么做。

亲爱的孩子，当你失败时，最可怕的是自暴自弃；当你成功时，最可怕的是志得意满！2009年，在成人的世界中，有一件备受世界瞩目的事，那就是日本丰田公司的"召回门"。因为汽车油门踏板存在机械缺陷，不少丰田汽车出了事故，丰田公司在全球召回了大量的汽车，数量比当年的销量还大。你看，尽管丰田公司首创了世界第一的精益生产方式，但它也出现了这样的质量问题。在出席美国听证会的时候，丰田汽车的总裁丰田章男致歉并坦言："我本人，以及丰田，都不是完美无缺的。"是啊，一个企业不是完美无缺的，一个人也不是完美无缺的。在你即将进入的成人世界里，质量管理的世界最高标准之一是六西格玛，那是一个什么概念？百万次操作只允许 3.4 次失误！所以我们说缺陷会是无穷小，但不会是零。

在著名作家毕淑敏的小说《天衣无缝》中，就有这样一对追求完美的夫妻，他们不是一般的追求完美，而是过度追求完美。在获悉妻子怀孕之后，一天夜里丈夫就对妻子说："我们的孩子应该集合

我俩的优点，比如我的眼睛、你的嘴唇……你的嘴唇最好看，像红沙漠上平缓起伏的沙丘……"妻子也非常注意，担心药物会让胎儿畸形，她整个孕期几乎连一片药都没吃过。她想，自己青春健康，又没有受过核辐射和病毒感染，相信孩子一定是个漂亮的宝宝。但是，当孩子出生之后，她发现孩子很健康，就是长了一张兔唇。这个喜欢漂亮、追求完美的母亲为此感到丢脸，她觉得自己制造出了一个废品。于是，没等到同事来看望，她就匆匆带着孩子出院，离开城市，回到丈夫的农村老家去喂养。

在孩子5个月大的时候，她回到了城市，进了整容医院，希望医生给孩子手术。医生解释，正常情况下，孩子长到18个月后手术成功的把握才会大一些。可是，这位年轻的母亲渴望早日看到完美的孩子，就央求医生尽早手术。结果手术很成功，孩子的脸非常完美，简直就是天衣无缝，只是麻醉太深，孩子永远睡着了。

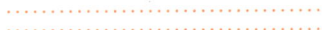

这实在令人痛心。在跟毕淑敏交流的时候，我们谈起了这个故事。我说，故事很深刻，但也很冷酷，读完了心里很难受，有点不寒而栗的感觉。如果这是一个梦，那该多好。孩子，缺失了一角未必就是不幸，圆满了未必就是成功，也未必就快乐。世上无完美，留一点缺憾给自己。

作为曾经的完美主义者，我发现，自己对自己越来越苛刻，对他人越来越刻薄。做一个完美的老公，要求人家做一个完美的老婆；做一个完美的父亲，要求人家做一个完美的女儿；做一个完美的老师，要求人家做一个完美的学生；做一个完美的上司，要求人家做一个完美的部下；做一个完美的部下，要求人家做一个完美的老板。心中难容瑕疵，眼光过于挑剔，结果呢，自己没有做好，别人也没有做到，倒是弄得自己身心憔悴，搞得别人怨声载道，幸福指数只有60分。后来，我把要求降低了，由要求完美到要求不错，也就是把标准降到80分的时候，幸福指数却上升到90分了。

所以，我现在明白了，**人生的幸福路，就是不走极端路。**要老实，但不要太老实，除了老实没有优点，那就是无能的别名。要聪明，但不求太聪明，"机关算尽太聪明，反误了卿卿性命"。与其追求拔尖，不如追求适用。学习要做锥体，用心钻研；为人要做正方体，方方正正；处世要做球体，圆圆融融。与其追求完美，不如追求平衡。泰戈尔告诉我们："你看不见你自己，你能看见的只是自己的影子。"以为自己完美，就会放大自己的影子，结果就会藐视整个世界。自信过度，就会变成自恋，人就会变得轻狂，心就会变得嚣张。孩子，作为一个超级玩家的教练，我可以很肯定地告诉你，任何人都有自信的权利，任何人都不够嚣张的本钱。

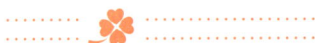

有一个富二代，留学归国后，到他父亲的8000多人的厂里做企管部长，不到一个月，他得出了结论：这家企业里全是庸人，包括他自己的父亲。并在高层会上明确讲，整个公司没人才，自己才是唯一的人才。对此，他爸爸很焦虑，让我跟这个孩子谈一谈。

我问这个孩子："你认为自己是人才吗？"他对我说："你怀疑吗？"我说："我不怀疑，但也不相信，我需要证实。你能证明你是人才吗？"他满口回答"当然可以"。我说："那好吧，给你一周，你试着找份工作，工资2500元以上。"

于是，在他爸爸的配合下，他离开企业找工作去了，7天过去了，他没有找到工作；半个月过去了，他终于找到了一份工作，在一个只有16个人的小销售公司里做他自认为最擅长的品牌策划。结果，才干了3周就被公司辞退了，临走的时候还被老板骂了一句："见过笨的，没见过你这么笨的！"

他忍气吞声又去找，始终没有找到工作，因此他又找到了我，并说："杨叔叔，我知道了，我才是这个企业最没有用的人。"我说："你这又偏了，人在得意时不能少了卑谦，人在失意不能少了自信。有用没用，要看环境。离开了深水，龙就没用；离开了高山，虎就没用；离开了平台，人就没用。"然后我告诉他："回来做你的企管部长吧，出尽傲气才能争气，拿出业绩去证明你的能力吧。成大事的境界就是，态度极其谦和，刀法极其犀利。"

是啊，对竞争者来说，谦虚者最可怕；对合作者来说，谦虚者最可敬。有人问功成名就的曾国藩，为什么把自己的住所题名为"求阙斋"？他的回答是"不求满而求缺"。有人问球王贝利："你最漂亮的球是哪一个？"他回答说："下一个。"又有人问大导演谢晋："你最好的影片是哪一部？"他回答："下一部。"这就是大智慧啊。

值得欣慰的是，2010 年 11 月 24 日，在广州举行的第 16 届亚运会上，刘翔又一次起飞，以 13 秒 09，打破了亚运会纪录，拿到了第三枚亚运会金牌。记者问道："今天是你的巅峰吗？"这回刘翔回答聪明多了："这个离我巅峰还是有点距离的。现在知道还有一些不足的地方，需要去改进、努力，需要加油，继续努力，一步一步来做……"

处于冠军的位置，还知道自己差在哪里，比得了冠军更值得尊重！谦卑人有福。谦卑，会让你在成功后赢得敬佩；谦卑，会让你在失败后博取同情；谦卑，会让你在进步后更进一步。孩子，请记住，最好的一步，永远在下一步。 我所要说的是，**做人要有高度，做人要有光芒，只不过，成大事而不败者，都懂得什么叫"藏锋"，都知道什么叫"敬而近之"**。在你进入成人世界之前，让我把一首小诗送给你，作为你 10 年后的素描吧：

你是水流，也是山峰。

你是亮剑，也是柔情。

你是一种并不耀眼的光芒，

你是一曲并不刺耳的奏鸣。

你是一道容纳万物的深谷，

你是一座绝不孤立的高峰。

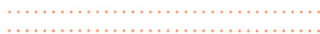

王靖雯：走向最好的自己

每个人心中都有一个最美好的自己，但不是每个人都那样幸运，能够在人生的旅程中心随所愿——成就最好的自己。

杨老师：

我常常感到，我们生活的宇宙是那样神秘莫测，人生就像一片沙漠。很多人都痛苦地煎熬在这片灼热而荒芜的土地上，为爱怨纠结，为是非困惑，为进退彷徨，为得失迷茫。尽管在面对各种问题时，我并不想消极回避，也从不拒绝成长，但遗憾的是，我常因缺少洞察事物的天赋而找不到出路，常因判断的质量不佳而忍受不知所措的痛苦。幸福的道路有重重的困惑和阻碍，仅靠个人的心智无法破译所有的迷局。

我一直相信，每个人心中都有一个最美好的自己，但不是每个人都那样幸运，能够在人生的旅程中心随所愿——成就最好的自己。穿行在人生的沙漠中，我很幸运，能在迷局中得到指引，《进入成人世界的9个密码》给了我这样的力量，帮我破译了做人与做事这两道考题的答案，指导我做什么、怎么做。而无论是做人还是做事，首先要珍爱生命，因为每一个人的生命都来之不易，要带着对生命的敬畏与使命去珍爱生命。就像你说的，"如果放任生命，生命一如尘埃，如能善用生命，生命将永恒"。而使命就是为他人做点什么，让爱你的人幸福。我想，我们每个人都要带着这样的使命去生活。

好几个万籁俱寂的夜晚，听着你深沉慈爱的声音，那幽默睿智、字斟句酌的话语常让我感动得热泪盈眶。人生旅程中，有这样的声音让我温暖，有这样的思想让我坚定，有这样的智慧让我充满希望，相对许多人而言，我真的很幸运！所以，在这里，我特别要感谢你，我最敬佩的导师。谢谢你用春风化雨、暖阳融雪般的热情，指引着在迷途与困惑中挣扎的人们。谢谢你指引我走向光明的未来，谢谢你陪伴我走向最好的自己。

王靖雯（北京）

启　动

🍀

现在就做

　　亲爱的孩子，你的父母把这本书作为礼物送给了你，也把我的爱传递给了你。作为企业家的职业导师，我曾经帮助过一些人取得了成功。不过，我女儿提醒我，"这不够，你帮助了大人，别忘了，更需要帮助的是孩子"。于是才有了这本书。当你多听几遍，你就会隐约听到潮水一样的抱怨声，这声音来自那些在你前面下车的人，他们正满怀嫉妒地低语："嘿！看